天人之際

——生物人類學筆記

王道還 著

三民書局

生物人類學

西名 biological anthropology；
研究人類的演化過程，人性的生物基礎，
以及族群差異的學問。

2009 年，哈佛大學將「生物人類學」學程擴充成為一個系與研究所，
名曰「人類演化生物學」(HEB)。

純真年代──代序

初中起，就常讀《拾穗》，因為有位同班同學的父親常投稿，到他家裡就能讀到這本月刊。同學的父親是外交官，駐節迴美國。同學似乎在美國讀過幼稚園或小學，英文很好，尤其是發音，比起來我總顯得怪腔怪調的。

當時同學的父親在坐牢，據說是政治犯，我們搞不清楚什麼叫政治犯，連問問題都不會，因此從來不明白他父親出了什麼紕漏。我們只知道他英文不錯，在牢裡翻譯文章，登在《拾穗》上，可以賺些稿費。

我愛讀《拾穗》，主要是它內容駁雜，尤其是科學報導。當然，大多是翻譯的。那時國內可以隨意翻譯美國的書報雜誌，根本沒有所謂智財權的問題。記得有一次讀到同學父親譯的〈秋天樹葉為何飄零〉，似乎是從 *Scientific American* 之類的刊物譯出來的，程度不淺，但是我讀得懂的部分，教我大開眼界，印象深刻。

那是在初一下學期吧，瓊瑤在《皇冠》連載《寒煙翠》（民國55 年 5 月至 10 月），從此「碧雲天，黃葉地，秋色連波……」老在我心裡縈繞，雖然沒看過那種景象，念念也覺得有那麼回事。詩詞在不成熟的腦子裡激起的波瀾，既純又蠢蠢的，現在回想，仍莫名其妙。

　　但是那篇談樹葉飄零的科學文章，在這種強說愁的思緒中，注入了「理性」。原來樹木在秋天脫卸樹葉，既符合秋收冬藏之旨，也有退藏以避鋒銳之意。樹葉先枯黃才脫落，那是因為其中的有用物質早已經樹枝、樹幹輸送根部儲存，待來春再輸回樹梢，供應新芽，以迎東風。秋風冽冽，北風凜凜，大地龍藏，休養生息是藏器於身的進取之道呢。王陽明 (1472～1528) 要是懂得這個道理，也不會格竹子格不出個名堂來了。

　　《拾穗》會連載翻譯小說，但是我沒耐心，只願意讀事後出版的單行本。拾穗月刊社也出版翻譯書，有些書書名就很精彩，例如《國際冷戰用間錄》。❶ 記得最喜歡的是李昂・尤瑞斯 (Leon Uris, 1924～2003) 的作品，如講以色列建國故事的《出埃及記》(*Exodus*, 1958)，當年是美國自《飄》以來最暢銷的書，據說有五十種文字譯本；講柏林危機的《柏林孤城錄》(*Armageddon: A Novel of Berlin*, 1963)；還有間諜小說《黃寶石》(*Topaz*, 1967)，以及講二次世界大戰猶太人浩劫的《女王七號法庭》(*Q.B. VII*, 1970)，靈感來自他身為被告的毀謗官司。這本書彭歌 (1926～　) 也譯了，由純文學出版社出版，書名改為《浩劫後》（民國 61 年 4 月初版，筆者當時高三）。

　　當年國內出版翻譯書，根本不受智財權束縛，因而產生過良性競爭——同一本書由不同出版社請不同譯者翻譯。《浩劫後》就是個例子，彭歌的譯本拾穗譯本沒得比。

---

❶　《國際冷戰用間錄》，民國 52 年 6 月初版（筆者小四），譯自 *The Secret War: The Story of International Espionage Since World War II*, by Sanche de Gramont, 1962。

另一本令我印象深刻的書，拾穗月刊社與純文學出版社也打起對臺，就是英國動物行為學家莫里斯 (Desmond Morris, 1928～) 的 *The Naked Ape* (1967)。這是一本以演化生物學觀點討論「人之所以異於禽獸」的書，很快就成為國際暢銷書。從書名就可以看出，作者對我們人類的生物特徵，有極為精確的把握：拾穗譯本譯成《無毛猿》，純文學譯本則直譯《裸猿》（民國 60 年 2 月出版，筆者高二）。

一點不錯，人與其他動物比較起來，最大的特徵不是超級大腦，而是光滑的皮膚。人類屬於哺乳綱靈長目，而哺乳動物的特徵是：溫血、哺乳、被毛（以禦寒）。有些哺乳類體表沒有毛髮，那是例外，各有適應的道理，例如鯨豚，是為了方便過水中生活。人類體表的毛髮分布，僅限於頭、腋下與陰部，而且男女的體毛分布模式也不一樣，為什麼？

莫里斯討論了好幾個理論，但是他的結論是：人類祖先以打獵維生，為了追逐獵物，非得使身體容易散熱不可，於是脫去濃毛，皮膚的汗腺也增加了。

可惜莫里斯在寫作這本書的時候，考古學家在非洲蒐集到的證據已經顯示：兩百多萬年前的人類祖先，可能不靠打獵維生；他們攝取的動物性蛋白質，可能主要來自腐肉——其他肉食動物的殘羹冷炙。這是後話，暫且不表。❷

---

❷ 有興趣的讀者可參考 *The Story of the Human Body*, by Daniel Lieberman, Cambridge: Harvard University Press, 2013.

　　拾穗月刊社與純文學出版社還有一個差異：《浩劫後》與《裸猿》都不是「全譯本」。彭歌對原書「稍加節譯」，是為了「適合我們的閱讀習慣」。由於彭歌也寫小說，他操起刀來，倒也輕重得宜。《裸猿》的譯者李廉鳳就外行了，沒受過生物學與動物行為學訓練，真難為她。她刪節的是第二章〈裸猿的性行為〉中「不嫌其煩的描述性交與性器官的文字」，理由是「譯者不慣於寫這一類的字眼」。

　　那個年代已經消逝了。

王道還

2003.11.19

誌謝

本書各篇，除另外注明者，原先均刊載於《中央副刊》書海六品專欄，謝謝所有編輯的辛勞。

天人之際——生物人類學筆記

目 次

1. 談「科普」

十多年來,「科普」在國內書市已成為顯眼的類型,可是那些書幾乎全是由外文書翻譯過來的,所以製作「本土科普」的呼籲,時有所聞。不過,我們對於國外的科普書是怎麼製作出來的,似乎少有討論。

以美國為例吧。儘管許多科普作品都是大學部課程的指定讀物,或上課教材,寫作「科普」在學術界仍然可說是犯禁的事。剛出道的博士,尤其不可從事。他們得迅速在學術期刊上發表研究論文,讓同行知道自己的存在。日後的升等或長期聘書,就看論文的數量與品質了。許多科普作品都是資深教授的作品,就是這個道理。

即使出版社找到資深教授,製作科普書的問題這時才開始。科普書雖然自成一個文類,到底市場不大,比不上羅曼史,用不著說,連心理、勵志之類的書,都比不上。因此科普書作家的競爭壓力非常大,只有高手中的高手,才有機會嶄露頭角。難怪我們熟悉的科普名家,例如美國哈佛大學的演化生物學家威爾森 (Edward O. Wilson, 1929～2021)、古爾德 (Stephen J. Gould, 1941～2002),作品都能譯成許多種外文。

寫作科普的首要條件,是對本行有通識,又文筆流暢,能「講理」。如果文筆不行,找職業編輯幫忙,是個行得通的辦法。編輯在美國算得上令人尊敬的行當。例如甘迺迪遺孀賈桂琳 (Jacqueline Onassis, 1929～1994),過世前在紐約知名的出版公司 「雙日」

(Doubleday) 擔任編輯，達 16 年。受尊敬的行業，能人輩出，不在話下。但是如果學者說不出什麼有意思的東西，就一切免談，什麼編輯高手都沒輒；而說出有意思的東西，就有賴通識了。

其實科普這個文類，是高手的表演場，高來高去，外行人看熱鬧，內行人看門道。因為學術這一行在二十世紀完成「職業化」，發展出一堆清規戒律，無論論文也好，教科書也好，都有死板的固定格式。學術人口增加、論文數量暴增之後，許多科學期刊對篇幅都有嚴格的限制，甚至規定論文以發表新資料（例如實驗數據）為主，而「討論」的那一節，字數越少越好。因此科普不僅是向外行人介紹一門學問或一個研究領域的發現而已，許多人願意寫科普，是為了科普比較自由的文體，可以表現學問，發抒想像，甚至意在言外，針砭本行。許多學者願意讀本行的科普，不乏窺伺別人功力、甚至偷師的意圖。

當然，在美國也有年輕學者以科普為「主業」，他們受到的市場壓力尤其嚴酷——因為沒有人可以光憑科普贏得學界的名聲。他們是過河卒子，成王敗寇，經得起市場的考驗，才能闖出名號。生物人類學博士費雪 (Helen Fisher, 1945～) 就是一例，她的三本書國內譯出了兩本，1999 年出版的 *The First Sex*，中譯本《第一性》第二年就上市了（先覺出版社）。

通常這類作品都由經紀人企劃製作。書的經紀人在美國也是一個講得出字號的行業。他們對時事、流行的讀者品味，都必須嗅覺敏銳。甚至書的內容與重點，他們都介入很深。流利的文筆、流行的口味、作者的博士／教授頭銜，是這類作品的起碼條件，至於有

多少睿見，就很難說了。我們必須注意的是：它們的賣點，透露的主要是時尚。將科學新知包裝成消費品，是大學問。欣賞這套學問，得另闢蹊徑。斤斤計較書中羅列的事實，推敲其中的邏輯，煞有介事，恐怕就是緣木求魚了。

2. 科學人

在國內辦一份類似 *Scientific American* 的刊物，一直是許多有志科學教育的人的夢想。1970 年創辦《科學月刊》的前輩，就是以 *Scientific American* 作目標的。現在 *Scientific American* 臺灣中文版《科學人》終於創刊了，可是冠蓋雲集的創刊記者會與媒體的大幅報導，卻對當前科學教育的重要問題，少有評論，對這份刊物的期許，流於浮面，白白將「國家競爭力」、「知識經濟」等流行口號化為實質討論的機會放過了。

其實美國的 *Scientific American* 是辦給社會的菁英階層看的，論文字、論內容也只有受過良好教育的專業人士才能消受。因此在國內出版《科學人》，目的絕不是掃除迷信，甚至也不是普及科學知識。

科學不只是有條理、有組織的知識，科學是一種特殊的認知方式。因此愛因斯坦才會認為「中國何以沒有產生現代科學」的問題沒有多大意義，該問的是：何以科學會在西方發展？

例如中東、埃及、印度、中國四大文明古國早已透過邊長分別為「3、4、5」的直角三角形知道直角三角形的邊長關係，但是只有希臘的歐幾里德想要以公理系統證明「勾股平方的和等於弦的平方」。而且「證明」云云，不只是合理就成，還必須符合特別的規範。這都是特定認知模式的結果。科學受好奇心鼓舞、想像力啟發，這都是老生常談，關鍵在對宇宙秩序的特定信心。已知的人類社會中只有古希臘文化的後裔才繼續發展科學，其他社群全靠採借，而且往往並不順利。

例如中國人自古相信天行有常，卻又溺於「易」理。易有三義，曰簡易，曰變易，曰不易。這不是說相聲嗎？說不變又會變，讓故弄玄虛的人占盡了便宜，天行的「常」又算什麼？現在國內算命有商機，樂透有明牌，登大位看風水，一份美國期刊的臺灣中文版有什麼著力的空間呢？

《科學人》創刊後，反而凸顯了國內平面媒體在科學教育方面缺乏分層分工的現實。在美國，至少可以區分出 3 個層次，報紙是最基層。美國的大報都有科學版，至少 3 到 5 大頁，每星期固定刊出，例如《紐約時報》是星期二，《波士頓環球報》是星期一。《紐約時報》的科學版甚至國際知名，許多國外媒體都會訂購，因此養得起專業記者。

第二層是推廣型的科學期刊，例如商營的 *Discover*、紐約美國自然史博物館出版的 *Natural History*。再高一層才是 *Scientific American*（月刊）、*American Scientist*（雙月刊）之類的期刊。

反觀國內，過去兩大報嘗試過每週半頁到一頁的所謂科學版，可是都沒撐下去。至於科學新聞，媒體連翻譯都有問題，解說、評論就不用說了。而《科學月刊》也沒得到社會的支持，至今仍在慘澹經營。

美國的正規教育體系中，*Scientific American* 是資優高中生以上的正規科學教材。發起、參與《科學人》創刊的大學教授主要是為了這個目標而下海的。國內學生相對於美國的學生，缺乏質佳的入門教科書——現在許多學科的教科書，不是英文本，就是不良的翻譯本。這是當前國內大學科學教育的根本問題。想解決這個問題，《科學人》只能是個起點。

　　完整的、可靠的中文科學教科書才是國家科學實力的基礎。目前科學發展的現況，一方面是知識爆發，另一方面從業員還得發展跨領域的專長，教科書都是關鍵。現在已經不可能光憑上課就掌握一個主要領域的細節了。教師只能提綱挈領，舉幾個例子詳細說明，學生得在課外自行研讀教科書，甚至補充教材。好的教科書也是專家取得非本行知識最方便的門徑。

　　國內的高等科學教育，缺乏高品質中文教科書支撐，後果很嚴重。最明顯的就是研究生素質低落，許多人連基本概念都掌握不住。現在政府、學界在政策與制度上一味講究以所謂「研究論文」的數量論功行賞，與現實完全抵觸。因為現代科學研究中，一流的大學畢業生已是不可或缺的一環。國家、社會的希望是他們打造的。

　　《科學月刊》創刊時以「科學中文化」為主打口號。那是五四啟蒙理念的產物，浪漫又含糊籠統，實踐了 30 多年後，大家幾乎連口號都忘了。《科學人》在全球化的浪潮中出現，我們的思路得更為明確。

　　不會再有 30 年讓我們嘗試錯誤了。

3. 談「性別」

　　1999 年底 ， 老牌人類學家孟塔古 (Ashley Montagu, 1905～1999) 過世了。他生前著作宏富，即使從學院退休後仍著述不輟。直到 80 年代初，他的著作仍是美國知識大眾最重要的人類學知識來源。他過世前才修訂再版的兩本書，最足以表現他的終極關懷：《人種——人類最危險的神話》❶ 、《女性優越論》❷❸ 。

　　人類學從一開始就與「人種問題」難解難分，許多人類學著作都是明火執杖地宣傳種族偏見，直到本世紀初人類學在大學中立足了，假學術之名的行徑才不再明目張膽、咄咄逼人。二次世界大戰是學院派人類學發展的分水嶺，納粹暴行使自居正統的人類學者不得不從根檢討「人種」概念。1950 年聯合國教科文組織頒布的〈人種（平等）宣言〉，孟塔古是實際的起草人，因為他在 1942 年出版的《人種——人類最危險的神話》，奠定了他人種問題權威的地位。

　　孟塔古 1953 年出版的《女性優越論》，則從另一方面彰顯了他人人平等的信念。而他討論問題的方式，植根於古典人類學，更值得我們注意。原來今日的人類學，無論文化人類學、考古學、生物人類學（過去叫做體質人類學），都是人類學正式進入學院之後的產物。直到二十世紀初，人類學與「人類自然史」是同義語。人類是從其他的物種演化出來的。大約六百萬年前，人類始祖在世上出現

---

❶ *Man's Most Dangerous Myth: The Fallacy of Race*, 6th ed., 1997

❷ *The Natural Superiority of Women*, 5th ed., 1999

❸ 請參考本書第 52 篇，頁 170。

　　了，他們演化了很長一段時間才發展出我們辨認得出的「人類」行為特徵，至於我們歌頌、憧憬的「人性」更是晚近的產物，也許不到一萬年。

　　這個自然史觀點從根本上就否定了常識中的「生物／先天」概念。因為任何「生物性」都有自然史，是演化的結果，也是演化的起點，本無天經地義之理。另一方面，性別不是人類自然史的特色，而是普遍的生物現象。性別生物學的人文後果，是任何關心兩性平權議題的人不可忽視的。

　　人類是一種哺乳類，可是人類的「性象」❹ 卻與大部分哺乳類不同。舉其犖犖大者，哺乳類很少兩性結盟撫育子女；雌性足以擔當大任，雄性樂得優游。人類的性象反而與鳥類有共通之處，因為人類的嬰兒過於柔弱，需要成人照顧許多年，才能勉強自立。鳥類孵卵、撫育幼雛，也得兩性合作。

　　由於孟塔古考慮到生物因素的各種後果，兩性在氣質、認知上的差異，無論是常識的，還是學術研究揭露的，他都不會一股腦兒硬往生物機制裡鑽。而國內在 2000 年暑假翻譯出版的一本長銷書，卻主張兩性差異的起點不在腰部以下，而在眼睛上面的大腦中。只要對人類大腦功能稍有概念，就知道從特定行為逆推大腦功能多麼不容易（或不可能）。關於大腦的知識，現在我們已經掌握太多細節，可是大腦運作的理論，我們仍然依賴十九世紀幾位名家的模型，討論起來，哲學系教授說不定更頭頭是道。其中的道理，也許不在大腦是非常精密、複雜的器官，還需要投入更多資源，才能解析清

---

❹ sexuality，與生殖直接有關的解剖、生理、行為特徵。

楚；而是行為與大腦的關連本來就不在目前神經科學的領域中。人類生活在大腦透過語言創造的虛擬世界中，因此搜尋特定大腦組織模式、特定大腦構造以解釋性別的努力甚為無謂。

另一個反對在大腦中搜尋性別根源的理由是：人類兩性長期結盟的社會模式是哺乳類中僅見的。既然兩性生活在全然相同的生態—社會區位中，何必發展出什麼特別的大腦機制表現性別？何況其他的哺乳類也沒有發現過什麼足以讓所謂認知神經科學家大展身手的性差。

《女性優越論》是針對莎士比亞的名句取的——「弱者，你的名字是女人」。它走過了現代女性主義的澎湃歲月，也走過了孟塔古的下半生。它是一本男性教導男性欣賞女性的書；男人禮讚女人，還有更好的方式嗎？

4. 同志仍須努力

　　十九世紀初，演化論在英法兩國都是反建制團體的基進 (radical) 武器，關鍵在「人在自然中的地位」。傳統的想法源自《聖經》，人是上帝按自己的形象創造的，因此與其他的受造物（自然）截然不同，而人間秩序全來自上帝的安排與恩典。

　　要是根據演化論學者的看法，人與自然有剪不斷、理還亂的關係，傳統人間秩序的邏輯（道）就必須重新建構了。終十九世紀之世，法國人類學一直是批評當道的思想武器，就是這個緣故。(1859 年，巴黎人類學會在幾經波折後成立，每次集會都必須向當局報備，會場後面一定有便衣警察坐鎮。)

　　美國的人類學是在不同的情境中發展的。白人是外來統治者，得共同對付原住民。相對說來，「新世界」裡也沒有什麼腐敗的王公貴族與教士階級。在美國，展現人類學基進力量的先驅，是瑪格麗特‧米德 (Margaret Mead, 1901～1978)，她是美國現代人類學在成形期間最重要的學者之一。

　　米德的博士論文在正式通過審查 (1929) 之前，就已經上市流通。她以薩摩亞的田野資料針砭美國社會對待青少年的方式，轟動一時 (1928)。在她的觀察中，薩摩亞社會沒有什麼不良青少年，因為薩摩亞人並不要求青少年服從什麼清規戒律，青少年不必以反抗成規證明自己的存在。

　　後來米德再以《三個原始部落的性別與氣質》(1935) 一書，對西方社會中的「性別」議題投下了一顆炸彈，影響了一整個世代的女權運動者。她描述的原始部落都在新幾內亞。

在米德的筆下，阿拉佩什 (Arapesh) 是個「陰性」社會，理想的人恰恰符合西方社會對於理想女性的想像，

> 阿拉佩什男子並沒有養成對女子頤指氣使的習慣，也沒有要求女子對他們唯命是從。在男子的觀念中，男女之間不存在天賦的差異。……理想男子應該具有和藹可親、慈愛友善的秉性。

> 而蒙杜古馬 (Mundugumor) 人卻走向另一極端……無論男女，文化強調他們都應具備一種勇猛剛強的性格特徵（宛如我們所說的男子氣），以至完全摒棄了那種溫柔的特徵（即我們通常認為女子的天賦秉性）。（臺北：遠流，1990，頁 167）

相對於上述兩個極端的陰性與陽性社會，德昌布利 (Tchambuli) 有點類似傳說中的「女人國」，完全由女子當家。男人呢，成了取悅女性的「藝術家」。

> 男人吃的糧食要依靠女人捕魚來換取。……於是，捕魚成了女人的專利。……女人對男人的態度可以用善意的容忍與感激來概括。她們喜歡看男人們的遊戲，特別是專為她們表演的節目。……在這裡，男人名義上是家長，但實際上女人才是真正的掌權者。（同前，頁 254–257）

米德以這本書奠定了性別的文化決定論。

1972 年，美國約翰霍普金斯大學心理荷爾蒙研究中心主任曼尼

博士 (John Money, 1921～2006) 公布了一個「自然實驗」的結果，支持米德的理論，明確地指出「性別在出生時是沒有差別的，而是因為成長過程中不同的經驗，才逐漸分化成男性或女性」。

這個案例在 70、80 年代一直是性別後天論的重要證據。直到 90 年代學術界才注意到 「其中有詐」， 最後由記者科拉品托 (John Colapinto, 1958～) 做了完整的報導 ， 就是 《性別天生》 (*As Nature Made Him*, 2000)。

《性別天生》說的是一個令人震驚的故事。故事的主角布魯斯 1965 年出生於加拿大，只比同卵雙生弟弟早了 12 分鐘降臨人間。1966 年，8 個月大的布魯斯與弟弟進了醫院，為的是切除包皮。哪裡知道，布魯斯的陰莖反而因為電燒灼器故障，大部分燒掉了。

由於陰莖無法再生，人工陰莖不但安裝手續複雜，功能又很可疑，布魯斯的父母不知如何是好。直到 1967 年 2 月，他們在電視上看見一位宣傳變性手術的美國學者曼尼博士。

在曼尼的建議下，1967 年 7 月，布魯斯在約翰霍普金斯大學醫院變成了布蘭達。醫師將他的睪丸切除，建造了基本的人工陰道。布蘭達出院回家後就過兩歲生日了。

「布蘭達案例」的確是個完美的自然實驗。她出生時是正常的男性，還有一個同卵弟弟可以做對照組。

布蘭達是當做女孩養大的。問題在於，在布蘭達的家鄉，所有接觸過她的心理醫師都不認為她已變性成功。但是沒有人採取行動。布蘭達 15 歲的時候，她父親接受了心理醫師的建議，把真相告訴了她。於是布蘭達「恍然大悟」，立即決定恢復男兒身。改名大衛是第一步，切除因注射女性荷爾蒙而隆起的乳房是第二步，然後他裝了

人工陰莖，並在 1990 年與一位女子結婚。作者以「性別天生」為整個故事做了結論。❶

可是一個個案有推翻一套理論的力量嗎？而米德的田野觀察又該怎麼說呢？

主張兩性平權的女性主義者，熱烈擁抱布蘭達案例，理由不難理解，因為根據曼尼的描述，手術非常成功，布蘭達已是個女孩。她們因此振振有辭，大聲疾呼女性受到的不平等待遇不是生物因素造成的，而是社會文化環境的偏見。

就算布蘭達案例的真相不符女權運動者的期望，這樣期望的動機要是不能消除，女權運動者永遠可以說同志仍須努力。

---

❶ 請參閱本書第 53 篇的書評，頁 177。

5. 談「母性」

歌頌母愛的詩文、歌聲總是最感人的。我們都相信「母性」是女性的本能或本性。我們對於缺乏母愛的女性，先是難以置信，繼而義憤填膺。這樣的「母性」觀點，不僅是天經地義的常識，科學界也無從贊一詞。不過，「母性」或任何性別特質的論述，事實上都是兩面刃，既是描述，也是規範。60 年代以來（甚至歷來的）關於性別的議題中，「本性」的討論一直占主流地位，就是這個道理。

1960 年，法國歷史學者阿希 (Philippe Aries, 1914～1984) 發表關於「童年」的歷史研究❶，是最近幾十年討論母性的起點。阿希發現，法國大革命之前的法國社會沒有「童年」概念，自然就沒有「母職」，所謂「母性」也無從談起。他的結論，意義之一是：「母性」非天性，而是有歷史過程中的人文創制。阿希的研究引起了廣泛的學術辯論，激發了更多的研究。在這場學術辯論中，我們得到的最大印象是：「母職」似乎不可一概而論，有許多面貌；不同的社會，同一社會不同階層，以及不同的時代，都不同。問題在：如何理解母性的多樣面貌？

1999 年，美國生物人類學家賀迪 (Sarah Blaffer Hrdy, 1946～) 出版了《母性自然史》❷，擴展了我們了解母性的視野。她帶我們走

---

❶ *Centuries of Childhood,* New York: Vintage Books, 1962（法文原著 1970 年推出第二版）。

❷ *Mother Nature: A History of Mothers, Infants, and Natural Selection,* New York: Pantheon Books, 1999.

入動物界，指出母親對於自己的嬰兒，本無固定行為模式，從犧牲自己到惡意遺棄或殺嬰，都有「天擇」的邏輯可以推敲。母親在許多條件的限制下，必須選擇最佳的「生殖策略」。照顧手中的嬰兒呢？還是拋棄他？還是重新懷孕？她日後的生殖前景如何？都有生態與社會因素必須考量。我們熟悉的「偏心」的例子，如母親根據不同的判準照顧自己的子女，例如出生順序、性別或母親的處境，而不是一視同仁，絕非新聞。根據賀迪，這樣的「偏心」，更是常態。

對於「天性」的傳統爭論，完全忽略了生物行為受演化力量的塑模，最終目的是生殖。同時，行為固然與遺傳有關，但是分析行為，不必然是分析特定基因的產物。哺乳類學習能力很強，人類更是以「大腦–學習」作為最重要的適應本領的物種，因此纏訟不休的「先天／後天」的辯論，甚為無謂。本書才出版，學界已推崇為經典，視為未來辯論的新起點。

賀迪是哈佛大學的生物人類學博士 (1975)，博士論文《印度黑面長尾猴的兩性生殖策略》後來由哈佛大學出版社出版，已是動物行為學經典。❸ 靈長類雄性「殺嬰」行為的演化意義，賀迪是第一位提出解釋的學者。當年學界仍不相信「殺嬰」會是「正常的」行為，由於賀迪提出了堅實的田野證據與精彩的演化分析，現在學界已經承認「殺嬰」在哺乳類中是普遍的行為模式。

雄性的「殺嬰」行為當然會妨害雌性的生殖利益，賀迪觀察到

---

❸ *The Langurs of Abu: Female and Male Strategies of Reproduction,* Cambridge: Harvard University Press, 1977.

不同雌性採取了不同策略，有些不符我們傳統的「母性」概念，因此對雌性靈長類的行為發生了興趣。1981 年賀迪出版了《女性永不演化》，立即引起許多女性主義學者的注目。❹ 賀迪是使靈長類行為學滲透女性主義陣營的重要學者。她使許多學者發現：若要深入了解目前大家關心的兩性問題，必須正視人類「自然史」的背景。

---

❹ *The Woman That Never Evolved,* Cambridge: Harvard University Press, 1981 (1999).

6. 大腦的十年

　　書市裡關於大腦的書越來越多。一方面，現代生物學對人體大部分器官已經有相當深入的理解，只剩下大腦仍然包裹在層層迷障中。另一方面，美國國會為了促進大腦研究，特別指定 1990 年代是「大腦的十年」(the decade of the brain)，不僅寬列研究經費，還資助各種教育節目。難怪大腦題材那麼火紅。

　　不過，瀏覽過書市中的各種大腦書之後，我們還是不免好奇這大腦的十年有何特別成就。因為這些書的作者品類複雜，神經科學專家就不用說了，其他還有物理學家、哲學家、語言學家、數學家、電腦專家、生物人類學家。似乎一談起大腦，人人都有權放言高論；從來沒有物理學家寫書談過腎臟、胰臟的。從科學史來看，「百花齊放」的現象只證明大腦研究似乎還沒有進入「常態」階段，而任何一門學術研究，只有進入常態階段之後才能生產紮實的知識。❶

　　另外一個解釋就是：大腦太複雜了，任何一位專家都只能管中窺豹，因此大家一起來，反而有機會為大腦勾畫一幅比較實際的圖像。例如我們已經知道哺乳類的大腦皮質 (cerebral cortex) 是高級認知中樞，估計人類大腦皮質有 300 億個神經細胞（神經元），我們的意識、記憶就是它們維持的。研究單獨的神經元，對了解一大群神經元的集體行為有幫助嗎？那麼多非神經科學專業人士闖入大腦這個研究領域，當仁不讓，憑的就是這一類問題。比較令人憂慮的，

---

❶ 參考《科學革命的結構》，臺北市：遠流出版公司。

倒是一些重要的科學事實，受到一面倒的注意，經過誇張後成為商品。左腦／右腦的分別就是一個例子。

　　大腦功能側化 (lateralization) 的現象是法國神經學家布羅卡 (Paul Broca, 1824～1880) 首先發現的。1865 年，他以堅實的病理解剖證據指出「我們以左腦（的皮質）說話」，因為大多數人主管說話的中樞位於左腦額葉皮質。後來，越來越多證據顯示大腦左右半球還有許多功能分工，「左腦理性／右腦情感」、「左腦科學、右腦藝術」等大家耳熟能詳的套語，是從一大批科學文獻中提煉出來的。這些套語作為記憶的工具，或者引得，十分方便，可是進一步引申出什麼「右腦開發、訓練法」，就毫無根據了。因為任何功能系統不論組織、分工的原則是什麼，最終目的仍是以達成系統目標為考量，局部增強功能不見得能提升整體的運作效率。何況大腦左右半球的皮質緊密地聯繫在一起，這些聯繫不是「比喻」，而有實體，就是兩半球間的厚實神經纖維束，例如「胼胝體」——估計包括有兩億根神經纖維。試問：如何單獨訓練、開發「右腦」？

　　最近流行的「大腦性別」是另一個例子。神經心理學家很早就發現：女性大腦皮質的功能組織似乎不像男性那麼「側化」；女性的語言中樞平均分布在左右半球的趨勢比較明顯。臨床上，女性中風病人出現失語症症狀的，比例較低，男性比較高，可以用「女性大腦的左右半球可能都有語言中樞」來解釋。

　　然而，最新的研究結果卻不支持這個解釋。美國威斯康辛大學醫學院的研究團隊，以功能性磁振造影掃描儀 (fMRI) 做實驗，他們發現，在語言測驗中，兩性的大腦啟動模式並沒有差異——都偏向

左半球。他們的結論是：大腦的語言功能，在神經組織上沒有性別差異。同時，他們也小心地指出：關於大腦的性別差異，學者已發表的報告還不足以形成共識。❷

　　看來大腦的十年可能要延長到新世紀了。

---

❷ "Language processing is strongly left lateralized in both sexes: Evidence from functional MRI", by Julie A. Frost, et al., *Brain* 122 (1999): 199–208.（按，這篇論文發表之後的辯論，請見 *Brain*, 123 (2000): 404–406.）

2002 年 6 月 12 日

7. 人在自然界的地位

〈論人〉("An Essay on Man", 1733～1734) 是英國文人波普 (Alexander Pope, 1688～1744) 的長詩，追溯西方生物演化思想淵源的人，經常引用。波普本想寫一本「巨著」，討論人、社會、自然的關係，這首詩算是導論。但是他沒有完成大作，只有這詩傳世。他所刻畫的人類，是這副德行：

> 置身於不上不下的夾縫中，
> 大愚若智，蜉蝣自雄：
> 自命懷疑論者，卻似無所不知，
> 自詡堅忍不拔，卻又屬弱難當，
> 擺盪兩端，不知該起還是該伏，
> 不知要自命為神還是獸，
> 不知靈肉之間如何取捨，
> 生只是為了死，論理註定犯錯。❶

在行家眼中，這首詩膚淺而無創意。因為所謂人處於「不上不下的夾縫中」，源自西方傳統的「存有之鏈」(chain of being) 概念，指宇宙萬有完滿而連續，有一差序格局貫串其中，從最完美的存有形式到最不完美的，一應俱全。這個觀念在柏拉圖、亞里斯多德的作品中就辨認得出來，與基督教教義也相容，只要將《聖經》中的上帝視為存有之鏈最完美的端點就成了。

---

❶ 彭小妍試譯。

　　可是波普的詩立刻就受到衛教之士的攻擊。問題出在人的地位。波普似乎暗示人介於神與獸之間（不上不下是為「卡」），這個安排並不討好。人有機會成神嗎？這是狂妄。人有獸性嗎？這是褻瀆上帝。因為在所有受造物中，人是上帝「按祂的形象」創造出來的，享有特殊的恩寵。

　　衛教之士的確是有識之士。波普的看法反映的是存有之鏈的傳統觀念正逐漸與方興未艾的「自然史」融合，而自然史最後在達爾文手裡變成研究生物演化的科學。

　　所謂自然史，源自「地層是在時間中堆疊」的發現，不同的地層代表不同的地球史時期。而不同的地層中，包含的生物化石不同，表示不同的地史時期有不同的生物相。換言之，地球上的生命也有一個發展「歷史」。地球史加生命史就是自然史。

　　第一位將自然史有系統地整理發表的，是法國學者布丰(Buffon, 1707～1788)。他的《自然史》自 1749 年起出版，到 1767 年已達 15 冊，他過世前又出了 7 冊（他身後，再由他人續了 8 冊）。由於布丰文筆優美，這部書立刻暢銷一時。

　　可是布丰運用「存有之鏈」的方式，立刻引起了衛教之士的側目。他在序論裡明白地說：

> 認真地研究自然之後，我們獲得的第一個真理，也許會使我們人類更為謙遜。這個真理就是，人應將自己視為動物界的一分子。因此就能體會動物的本能也許比人類的理性更為確定，動物的行為比人類的更令人欣賞。

　　1750 年 2 月 6 日、13 日有一篇書評在巴黎發表，就是針對《自

然史》散播的「毒素」而來。書評者並指出書裡也有「波普〈論人〉中妨害人心世道的系統」。

> 波普置人於動物之列，將人視為動物之首就滿意了。大家都認為人是有理性的；但是他卻費勁證明動物的本能比理性還確實，……

這些言論今日讀來仍然熟悉得很。問題的核心仍是：人在自然界的地位。自達爾文以來，演化生物學已是成熟的科學。可是一些內部的爭論以及外界的反應，仍然與那個古老的問題糾纏不清。哈佛大學古生物學講座教授古爾德引起的爭論，就是一個例子。

古爾德的成名作，是 1970 年代初提出的「疾變平衡論」，強調化石紀錄上很少見到生物漸變的事實——生物往往長期不變 （平衡），然後在很短期間內發生巨變（疾變）。這個現象達爾文在世時已是學界的常識，大家沒有共識的是如何解釋。在十九世紀這叫做「缺環問題」(missing link)。

達爾文認為那是因為化石紀錄還不完整的緣故。但是古爾德卻強調，學者努力了 100 多年之後，「缺環」還是沒有填滿。因此「缺環」不是還沒找到化石的結果，而是因為那段期間生物以高速演化，留下化石供後人憑弔的機率極低。這與二十世紀 30、40 年代以來逐漸成形的演化綜合理論似乎頗有抵觸。結果學界大譁，美國的基督教基本教義派卻歡欣鼓舞，以為古爾德提供了批判演化論的內行武器。因為在衛教之士看來，缺環、疾變都是上帝大能的表演場。

他們難以理解的，是古生物學家的「時間感」。在古生物學的討論中，經常可以讀到這類文句：

在短短 1,500 萬年內，鯨豚就已脫卸陸棲專用裝備，成為十足的海棲動物了。（按，這篇文章討論的是鯨豚從陸棲祖先演化成海棲動物的過程。）

1,500 萬年算「短」！那麼疾變又能多「疾」呢？

可是這樣的反駁一定難以令衛教之士信服。其實教他們不安的是演化論的「連續」觀，而不是上帝退隱。

因為人／獸之間的「斷裂」鴻溝是人性的希望，也是保證。

8. 發潛德之幽光

　　華萊士 (Alfred R. Wallace, 1823〜1913) 是現代生物學史上的異類。正規教科書上通常都會提到他的名字，因為 1858 年 7 月 1 日他與達爾文在倫敦林涅學會發表的論文，是現代演化論的起點，學術界直到那一天才聽說天擇理論。有些學究為了表現自己對學術史的大關大節一絲不苟，每次提到「天擇理論」，都堅持使用「達爾文—華萊士假說」。

　　可是世人熟悉的演化論大師仍然是達爾文，華萊士幾乎給遺忘了。儘管三不五時就有人寫翻案文章，為華萊士抱不平，不知怎地，他的名號就是打不響。這兩年突然出版了兩本新的華萊士傳記❶，今年還有兩本新的華萊士讀本❷ 問世，看來華萊士就要翻身了。

　　不過，華萊士是個不容易理解的人，為他抱不平的人不是避而不談，就是說不清楚。其實，華萊士在演化論史上的地位隱沒不彰，是因為他背叛了天擇理論──關鍵是人的大腦。

　　話說 1848 年至 1852 年，以及 1854 年至 1862 年，華萊士分別在南美亞馬遜河流域、東南亞「馬來半島」(印尼群島) 採集生物標本。當時在英國，赴異域蠻荒採集標本是個有出息的營生，不過風

---

❶ *Alfred Russel Wallace: A Life,* by Peter Raby, London: Chatto & Windus, 2001. *In Darwin's Shadow,* by Michael Shermer, Oxford: Oxford University Press, 2002.

❷ *The Alfred Russel Wallace Reader,* edited by David Quammen & Jane R. Camerini, Baltimore: The Johns Hopkins University Press, 2001. *Infinite Tropics,* edited by Andrew Berry, New York: Verso, 2002.

險很大。華萊士能在熱帶雨林中度過十幾年，除了意志、性格、體質等條件，還必須「人和」——能與當地土著打交道。因此說起與異文化族群接觸、生活的經驗，華萊士可是一肚子故事。

西方人自從地理大發現，對其他族群的見聞就與日俱增。到了十八世紀，人類學逐漸成形，研究的就是人類的歧異性，例如孟德斯鳩 (Montesquieu, 1689～1755) 以風土氣候解釋「人種」的出來。

到了十九世紀，演化思潮大興，人種一元論與多元論成為人類學者的辯論焦點。這個問題不只是蛋頭學者的知識興趣捏造出來的，還涉及奴隸制度的存廢。一般而言，主張族群平等的學者相信一元論，呼籲廢奴；認為不妨奴役「劣等族群」的，情願相信多元論。這個爭論也反映了：在當時，人權已是勢不可擋的普世價值。過去，不把人當人根本不算個問題，自然不必勞駕蛋頭學者辯論。

華萊士支持人種一元論，並以天擇理論推論各人種在不同環境中演化出獨特體質特徵的過程。但是人類的大腦與心靈卻讓他困惑不已。華萊士從不懷疑雨林中的「野蠻人」是劣等人種，歐洲人代表上國衣冠。在他眼中，雨林土著的生活，與野獸沒有本質的差異。但是他在倫敦親眼見過一對來自南非的布須曼姊弟，姊姊能彈奏鋼琴，表現不俗，弟弟的音感又超越「當世最高明的音樂家」。換言之，他們的大腦都有超越生活所需的天賦。那些天賦在祖先的家園裡，潛龍毋用，可是一進入文明社會，就驚蟄龍騰。為什麼野蠻人會有高貴的天賦？天擇無法解釋。畢竟天擇是「盲眼的鐘錶匠」，即使身懷聽音辨位的絕技，也不過瞎子一個，哪來的遠見！

華萊士相信天擇理論足以解釋其他生物的演化，可是尺有所短，天擇卻無法解釋人類的演化。不可思議的不只是人類的大腦，人類

的赤裸皮膚、體毛分布，也沒有人說得出天擇的道理。因此他認為
自然中還有其他的力量，引導人類的自然史。至於這「其他的力量」
是什麼，他從來沒有說清楚過，更別說研究了。

　　1869 年 4 月，華萊士寫信給達爾文，指出自己對天擇理論已有
新的見解，或許達爾文會視為「異端」。但是他請達爾文放心，他絕
對不是無的放矢。達爾文在回信中提醒他：「我希望你還沒有將你我
的孩子（智識結晶）給徹底謀殺了。」這句話剛好可以為華萊士在
現代演化論史上的地位做註腳。

　　要是達爾文革命的關鍵在「人在自然界的地位」，現代演化論的
核心是天擇理論，那麼華萊士的論證當然就是叛逃的行徑；將他除
名，誰曰不宜？

　　其實華萊士的故事提醒了我們，現代科學本質上是解決「能夠
解決的問題」(the soluble) 的藝術。天擇理論也許還不能解答令華萊
士困惑的問題，但是放言高論無濟於事。科學是生產知識的實踐，
科學家的任務不在羅列理性還無法處理的問題，而在利用既有的資
源發幽闡微。哲學家才需要擔心理性界限的問題，科學家不必。科
學家的本職是解題，科學家所受的訓練，就是為了分辨哪些問題可
解，哪些問題目前無解而設計的。科學家的高下，表現在兩個方面，
一是眼光──從可解的問題中鑑別出重要問題，二是提出有啟發的
解題方略。至於六合之外，則存而不論。

　　按：本篇發表後又出版了一些研究華萊士的書，有興趣的讀者不妨參考：

　　An Elusive Victorian: The Evolution of Alfred Russel Wallace, by Martin
Fichman. Chicago: University of Chicago Press, 2004.

　　Wallace, Darwin, and the Origin of Species, by James T. Costa. Cambridge:
Harvard University Press, 2014.

9. 時窮節乃見

　　1859 年 11 月 24 日，《物種原始論》出版，達爾文革命正式揭幕。據說有位主教夫人聽說了這本書，她的反應是：

　　人是猿的子孫？希望那不是真的；假如那是真的，讓我們
　　祈禱沒有人知道……

　　這個反應充分反映出達爾文掀起的不只是一場科學革命，也是人文革命。牛頓以三稜鏡將陽光拆解成 7 種色光，解說了彩虹的成因，十九世紀初的浪漫派文人濟慈並不領情，卻指控科學家「拆解彩虹」。詩人面對落日餘暉，沉思生命的價值，無端來了個科學家，大談晚霞的光學原理，的確有些焚琴煮鶴。

　　相形之下，主教夫人只擔心一種教義的浮沉，實在太小器了。文人也沒有想到演化論不只是拆穿表象的利器。科學受好奇心鼓舞，想像力啟發，並以信心為後盾。好奇心、想像力與信心，是一切人文活動的基礎，無論宗教、科學。許多人擔憂的，只是科學啟發的想像力。

　　以 《美麗新世界》 (1932) 一書為國人熟知的阿爾道‧赫胥黎（Aldous Huxley, 1894～1963；「達爾文戰犬」赫胥黎的孫子），1939 年出版了一本小說《天鵝之死》(*After Many a Summer Dies the Swan*)，就以演化胚胎學改寫了西方的青春泉神話。

　　話說好萊塢百萬富翁史陶特，相信金錢萬能。他聽膩了「信耶穌得永生」的「神」話，覺得人定勝天。他雇來了科學家歐碧司坡

(Dr. Obispo) 指導他長生之道。他們發現英國有位子爵，仗著一味鯉魚腸偏方，已活了兩百多歲，於是立刻趕到英倫，闖入子爵的古堡中。出乎他們意料之外，這位活了兩百多歲的子爵，竟然成了一頭猩猩。

歐碧司坡博士恍然大悟，子爵變成一頭猩猩的祕密，在一個特殊的演化機制。原來子爵的鯉魚腸偏方，延長的是壽命，而不是青春。

歐碧司坡博士解釋道，人與其他猿類，最顯著的不同，就是人的發育速率比較緩慢。相對於猩猩而言，人的一生只停留在猩猩的幼兒期階段。換言之，在正常的情況下，人的壽命限制了人的可能發育潛力。子爵延長了壽命，正好讓這個發育潛力鴻圖大展。於是子爵變成了一頭猿。

1993 年 4 月 1 日星期四，正好是英國重量級科學期刊《自然》出刊的日子。主編「循例」開了一個玩笑，登載了一篇報導，說是有位歐碧司坡博士發現了長壽基因云云。國內有家大報不察，以全版橫欄標題報導了這個新發現。這大概是科學宰制了人文想像最壞的例子吧。

人比猿發育緩慢是事實，至於想利用這個事實達到長壽的目的，赫胥黎的嘲笑頗有深意。事實上，人類出生時的壽命期望值在二十世紀增加了一倍，是空前絕後的成就，現在的問題是如何收拾善後。這就必須回到「生命的意義在創造宇宙繼起的生命」，才說得明白。

生物的生是「生殖」的「生」，而不是「生存」的「生」，所以衰老的過程從生物喪失生殖能力的那一刻開始。

根據演化原理，衰老有兩個特徵。第一，衰老是個系統現象，涉及許多基因。每個基因只發生很小的影響，可是集合起來就相當

可觀了。因此絕對沒有所謂的「衰老基因」。也就是說，絕不可能有「抗衰老」的靈丹妙藥。所謂特效藥，英文是 specific，意思很清楚，是針對特定目標發展出來的特定藥品。衰老既然不是一個因素造成的，如何「特效」法？

我們控制生活方式、飲食，加上運動，又有現代醫學的援助，在老年時活得健康的機會很大。不過這裡我們還應了解衰老的第二個特徵。

衰老的第二個特徵是，人與人的差異會越來越大，這裡所說的差異，大體而言偏向所謂的先天方面。前面已經說過，生物是以生殖來定義的，因此每個身體都是為了完成生殖使命而演化出來的。由於生殖是唯一的任務，身體的組成、運行都以生殖為前提。而喪失生殖能力的身體，演化根本不會理會。因此「前半生」湊合著用的身體，到了「後半生」會出什麼毛病，不但難以逆料，而且人人不同。

這麼一來，老年人的健康問題，就比年輕人的更為「個人化」。某甲吃了「有效」的東西，某乙吃了不見效的機率很高。老年人更需要的是家庭醫師，也就是對自己的身體狀況有長期知識的醫師。

總之，在高齡社會中，科學對長壽與衰老問題，進展已經到了有時而窮的地步。

達爾文掀起的人文革命總算可以結束了。怕只怕，今日的濟慈在兩百年的長期戰爭後，突然失去了敵人，生命力反而沒有著落，想像力也失去了源頭活水。

高齡引起的問題，考驗的是人文想像。

10. 演化風雲再起

2002 年 3 月，哈佛大學講座教授古爾德又出書了。

乍聽這個消息，一般讀者大概不會察覺其中的玄機。

古爾德是美國知識大眾的演化論大師。據說任何一個美國人，要是對演化有些興趣，並能說出點名堂，十有八九是從古爾德的作品中學來的。因為他自 60 年代末出道以來，就以文采聞名。他在美國自然史博物館出版的 《自然史》 月刊上寫專欄，極受歡迎，自 1977 年起集結出版。2000 年上市的第九本，封面就明白地注明，這是「倒數第二本」。因為古爾德早就聲明過，他的專欄寫滿三百篇就結束，至 2001 年 1 月止，正是二十一世紀的起點。❶

嗜讀古爾德科學散文的讀者聽說他又出書了，也許以為那就是第十冊單行本了。

其實不是。

而是正文達 1,343 頁的巨著，每一頁字都很密，書名一點也不俏皮：《演化理論的結構》。❷ 顯然這本磚頭書不是為他的「老讀者」寫的。

這就得談談古爾德在學術界的地位了。簡單地說，他是個「問題」人物。而他的問題，與八卦無涉，可說全是演化論的內部問題。

說到演化論，就不能不談達爾文、《物種原始論》(1859)，以及所謂的「達爾文革命」。

---

❶ 按，2000 年是 20 世紀的最後一年，2001 年是 21 世紀的第一年。

❷ *The Structure of Evolutionary Theory*, Cambridge: Harvard University Press, 2002.

　　西方現代科學史由十六世紀的哥白尼革命揭開序幕（1543 年），然後是十七世紀的牛頓革命，十八世紀末的化學革命。生物醫學在十九世紀的發展，為二十世紀初的科學醫學奠定了堅實基礎。這些重要的里程碑很少有人「翻案」，當年的「突破」文獻完全針對內行人寫作，現在除了歷史學者或有考據癖的人，根本無人聞問。在現代科學家的養成教育中，歷史文獻不扮演任何角色。

　　但是「達爾文革命」就不同了。《物種原始論》是寫給一般人閱讀的；達爾文自認為最重要的創見──天擇理論──當年即使同志都不滿意，更別說一個半世紀以來的風風雨雨了。現在書市裡流通的《物種原始論》就有好幾個版本，還有幾種達爾文選集。❸ 演化學者在正式的學術論文中還會長篇大論地討論《物種原始論》中的大段文字。甚至還有人引用達爾文的「原文」，指斥現代學者曲解了達爾文的原意。這與我們對「科學革命」的印象實在不符。根據孔恩 (Thomas Kuhn, 1922～1996) 的《科學革命的結構》，演化論根本不像科學，而像人文學。

　　古爾德是演化生物學陣營裡的叛逆小子。他受地質學、古生物學的訓練，博士論文的題材是蝸牛，而不是恐龍或古人類等有「人

---

❸ 按，《物種原始論》出了六版，現在美國哈佛大學出版社印行的，是第一版的複印本；牛津大學出版社世界經典叢書 (World Classics) 將第二版重新排印出版；英美一般出版社印行的《物種原始論》，是第六版的增訂版 (1876)。自第二版起，達爾文為了因應各方批評，做了許多修訂與讓步，有些可說治絲益棼。學者認為第一、第二版最能反映達爾文的「始意」。筆者編譯過一本《達爾文（選集）》（臺北市：誠品書店，1999）。

氣」的玩意。他從來沒有發現重要的關鍵化石，闖出萬兒來全靠一枝筆。刀筆。

他以達爾文開刀。

當年《物種原始論》推銷的觀點有二：演化是個事實；演化的原理是天擇。達爾文為了強調演化是個由自然機制導致的自然現象，使用了好幾個論證，其中之一就是「常識／日常經驗」。

話說演化的基本意義就是變化，而世上繁複多姿的生命奇觀都源自同一個祖先。以常識來說，就是從阿米巴演化到恐龍、到鳥類、到哺乳類、人類。這些變化絕大多數人都難以想像。

達爾文以溪河切割大地為例，說明微小的變化只要日積月累也能移山倒海。可是化石紀錄上往往不易觀察到生物世系逐漸變化的現象，反而處處都有「空白」，也就是「缺環」。達爾文認為那只是各種地質過程的結果，而不是「真相」。

古爾德不同意，他認為那些空白都代表真相，表示演化可以「瞬間」完成。他所說的瞬間當然與神蹟無關，因為地質學家所說的瞬間，至少以「萬年」為單位。他並進一步演繹（化石紀錄）「空白」的理論意義：「真正的」演化事件發生得非常迅速，而所有物種絕大部分時間都處於穩定狀態——演化停滯。這就是著名的「疾變—平衡」說。「平衡」指物種長期不變的事實；然後物種不是滅絕了，就是迅速演化成另一個物種（疾變），於是化石紀錄中出現了「跳躍」現象。

最有意思的是，古爾德用來支持這個見解的主要論證，是歷史考證。他指出當年許多學者反對達爾文的漸變觀，不是為了教條，而是化石紀錄上的事實使他們無法接受符合常識的判斷。此外，古

爾德並沒有提出什麼「實證」的法門，讓人可以判斷他對達爾文的批評是否站得住腳。

更麻煩的是，假如化石紀錄的常態是物種不變，那麼達爾文以個體競爭為基礎的天擇理論，就不能與演化論劃上等號了。❹ 真正的演化論應該是超越個體層次的。這就是古爾德皇皇巨著的主旨。

古爾德的文筆極為精彩，可是他成名的「捷徑」卻是批評達爾文。學術界當然有人不滿，30 年來各方往復辯論的文獻早已積案盈箱。理想上，這本書應是他對各方指教的總結。可是筆者初步讀來，許多問題仍然沒有答案。

至於達爾文革命在西方科學史上為什麼那麼獨特？就得另外討論了。❺

---

❹ 按，「演化」是地球生命史的事實，解釋演化事實的理論就是「演化論」。

❺ 請參考《達爾文與基本教義派》，王道還譯，臺北市：果實出版社（城邦集團），2003。

2002 年 5 月 22 日

附錄：古爾德去世
(1941.9.10～2002.5.20)

2002 年 5 月 20 日星期一清晨，哈佛大學古生物學講座教授古爾德去世了，享年 61。

他是美國人最熟悉的演化生物學家，也是暢銷的科學作家。他不僅以發掘、研究古代生物維生，還是科學文化的考古學者，擅長在故紙堆中發幽闡微。這樣的本領，在他 1967 年出道不久就展露了。首先是在美國自然史博物館出版的《自然史》月刊撰寫專欄，然後在專業論文中以不凡的睿見排比史料，古為今用。他的寫作技巧非常高超，科學史在他手中，是問題意識的資源、是論據，也是障眼法、文字遊戲。正是這樣的才情，才少有讀者注意到他其實「只」是個蝸牛專家。

不過才情、文筆不見得能夠解釋古爾德在美國閱聽大眾心目中的地位。美國特殊的文化環境大概才是古爾德賴以成名的舞臺。他的成名作，是 1970 年代初提出的「疾變—平衡論」，強調化石紀錄上很少見到生物漸變的事實——生物往往長期不變（平衡），然後在很短期間內發生巨變（疾變）。這個現象，達爾文在世時已是學界常識，大家沒有共識的，是解釋。在十九世紀這叫做「缺環問題」(missing link)。

達爾文認為那是因為化石紀錄還不完整的緣故。但是古爾德卻強調，學者努力了一百多年之後，「缺環」還是沒有填滿。因此「缺環」不是還沒找到化石的結果，而是因為那段期間生物以高速演化，

留下化石供後人憑弔的機率極低。這與二十世紀 30、40 年代以來逐漸成形的演化綜合理論頗有抵觸。不僅學界大譁，美國的基督教基本教義派也歡欣鼓舞，以為古爾德提供了批判演化論的內行武器。

古爾德腹背受敵，可是也藉機使出渾身解數，只看他見招拆招、指東打西，將自家本事發揮得淋漓盡致，越戰越勇。

不過古爾德人氣旺了之後，戰線也拉得越來越長，難免露出破綻。例如古爾德所說的「疾變」究竟是什麼意思？如果以十萬年為單位，那還「疾」個什麼勁兒呢？至於「疾變」的基因模型，就更說不清楚了。在學界這還無妨，反正內行看門道。可是學者往往「吃碗內，看碗外」，憂心看熱鬧的受古爾德「汙染」，因此論戰文字更為露骨。

2002 年 3 月，古爾德出版了正文 1,343 頁的巨著《演化理論的結構》，不但詳細鋪陳了他的觀點，也對各家批評做了答覆。他為《自然史》寫的專欄，2001 年 1 月刊出第三百篇，圓滿結束。他過世前一星期，最後一冊（第十本）專欄結集出版，書名《我上岸了》，那是他祖父一百年前移民美國，登岸後在札記中寫下的句子。

古爾德是在暗示他即將登上彼岸了嗎？可是古爾德是在紐約家中的書房裡過世的，難道他還言猶未盡？

可以肯定的是，古爾德的磚頭書即使說服不了學界中的論敵，他們還是要與古爾德的幽靈作戰。他的文筆太容易教讀者著迷了。

（聯合報民意版）

11. 科學作家系譜

　　古生物學名家古爾德最後一本專欄結集的副標題很有意思：
"the end of a beginning in natural history"。直譯的話，就是「自然史
中一個起點的終點」。

　　他以生物分類學家常用的大樹比喻，自認為是「作家」這棵分
類樹上的一根小枝枒。要找這根小枝枒，得先從一根比較大的樹枝
著手──「人文傳統『科』」。這個傳統的作家把讀者視為同儕，而
不是「輕鬆小品」的消費者。找到這根大枝（科）後，再從上面幾
個分枝中找「伽利略『屬』」──這類作家鋪陳的是解決知識難題的
過程，而不只是禮讚自然。這根枝條（屬）上，又有些小枝條，分
別代表不同的「物種」。古爾德這類作家，特色是有意識地將科學題
材放入人文脈絡中觀察。

　　當然，古爾德的寫作生涯，也有自己的「自然史」。他自 1974
年 1 月起在紐約市美國自然史博物館出版的《自然史》月刊上寫專
欄，1977 年第一次結集出版。25 年後，他回顧第一本專欄集，自覺
當年還未發展出獨特的風格，寫作技巧也嫌青澀。到了專欄寫滿三
百篇，準備出版第十本了，古爾德自認為已在自己所屬的作家物種
中自成一格（「亞種」），因為他感興趣的不只是科學家的「解謎」手
法，而是各種人文因素在科學家觀念成形過程中的作用，也就是以
科學家從事客觀研究的脈絡，凸顯人性的本質與弱點。他的方法是
科學家的「迷你思想傳記」。用不著說，只有下過紮實工夫研究的
人，這個方法才用得上手。

其實，古爾德的夫子自道提醒了我們一個重要的事實：在伽利略的時代，出版品根本沒有學術／通俗之分。伽利略的著作全是寫給知識大眾閱讀的，也全是原創發現與原創討論。

到了十八世紀，許多科學學會已出版專門發表原創研究成果的學報，可是法國學者布丰有系統地將自然史整理出來，仍然以廣大的閱讀人口為對象。更不要說十九世紀達爾文的《物種原始論》，也是為知識大眾寫的。

當然，「自然史」自古就是比較「軟」的文類。在法國大革命期間，為人民創設的巴黎自然史博物館，更體現了自然史是「人民科學」的特殊地位。可是法布爾在十九世紀末、二十世紀初寫作《昆蟲記》的時候，自然史也變成正規科學了，因此才會引發他對學院派寫作風格的冷嘲熱諷。

正式的科學論文，往往令外行人讀來如讀天書，並不是科學家崖岸自高，反映的只是知識發展的程度以及科學社群的規模。今日的大學與研究機構，都是二十世紀的產物，因此研究成果累積的速度史無前例，造成知識爆發的結果。在這種情況下，為沒入門的知識大眾撰寫教科書與「科學書」就成了當務之急。教科書的對象主要是在校學生與打定主意要進修專門知識的人，事關科學行業的永續經營，而科學書將研究成果介紹給社會大眾，更為重要，因為納稅人才是所有學術研究的真正金主。最近以「第三種文化」召集起來的科學作家，還有一個體認，就是學術社群中人文與科學的分裂，並非學術之福，還會對社會發展造成不健康的影響。

　　自古爾德出道以來，知名科學家為大眾寫作的例子越來越多。古爾德追溯了科學作家的系譜，並在這個寫作家族中找到了自己的位置。但是特別值得我們注意的是，他對於學院中一些人「過於小家子氣」，頗不以為然──由於他自始就打定主意不寫「摻了水的」東西，而且發展出「迷你思想傳記」的方法，因此他的專欄有許多篇事實上與「原創性論文」無異，偏偏有些教授就是不願意徵引「通俗」刊物上的文字。

　　古爾德的副標題，意思似乎是：他雖然已停筆，他的支系仍會繼續綿延，說不定終有一日由「亞種」演化成獨立的「物種」。他的潛臺詞也許是，等到我們族繁不及備載了，看有誰會繼續那麼小氣！

　　不過，古爾德似乎忘了，伽利略可是典型在夙昔。

12. 民可使知之

1996 年是科幻的新紀元,因為桃莉羊❶ 在這一年誕生了。在中文裡, 同時誕生的是 「複製」 這個詞的新意義 ; 英文裡, 則是 clone。

clone 原來是植物育種學家鑄造的詞,原意是「從一個始祖以無性生殖衍生的個體的集合」。這裡有兩點值得我們特別注意。第一,這個詞的原意與植物的特性有關,許多植物都能以插枝法、壓條法繁殖新株。複雜的動物就不成了,例如爬行類的蜥蜴,有些可以斷尾逃生,日後新的尾巴可以從斷尾處長出。但是在脊椎動物門,根本沒聽說類似植物以插枝、壓條繁殖的情事。即使在爬行類中,也不是任何物種都能斷尾再生的,更不要說鳥類與哺乳類普遍缺乏斷肢再生能力了。

第二,clone 是個集合名詞,與 race(種族)一樣,不指涉生物個體, 而現在的流行意義卻是 「與另一個生物個體一模一樣的個體」。

clone 這個詞在 1903 年出現後,植物育種學者立刻接受了。然後細胞生物學家也接受了,用來指涉 「在實驗室中,從單獨一個細胞分裂而來的所有『子』細胞」。在細胞學的脈絡中,這個詞仍然是個集合名詞,意義與在植物學脈絡中幾乎沒有差異。植物學家與細胞學家使用這個詞,都著重「因遺傳之純正而衍生之一致性狀」。換

---

❶ 請參閱《科學發展月刊》〈科技新知〉 專欄,2003 年 3 月。

言之，同一 clone 的兩株植物是否外表一模一樣，其實不是這個詞的重點。至於細胞，就更不用強調外表了。

可是，現在 clone 的流行意義是以「複寫紙」作為想像的參考架構，具體用例則建築在我們對同卵雙生子的印象上。因此 clone 不再是集合名詞，現在可以用來指涉單獨的生物個體，強調牠是另一個生物個體的「複本」。

在動物界，clone 的意義源自我們對同卵雙生子的印象，其實不算背離 clone 原意。可是桃莉羊誕生後，牠所創造的文化想像，卻使 clone 衍生出科學難以承載的負擔、責任、與期望。

因此中國大陸學人將 clone 這個詞音譯為「克隆」，而不像國內意譯為「複製」，就是深思熟慮而負責任的做法了。桃莉不是複製羊，而是「克隆羊」，理由是：製造桃莉的「克隆技術」(cloning)，沒有任何「自然摹本」，與產生同卵雙生子的過程完全不同。克隆技術是以人工合成卵子製造胚胎，再讓胚胎發育的技術。

克隆技術有幾個關鍵。首先，必須將正常成熟卵子的細胞核取出，再種入一個體細胞的細胞核。這一步要是成功，就產生了一個人工合成卵子，自然界根本沒有這種卵子。(同卵雙胞胎是同一個受精卵分裂成兩個細胞後，兩個細胞不知怎地分離了，然後分別發育成獨立個體。) 其次，這個人工合成卵子必須順利發育，形成胚胎。科學家再將胚胎植入正常母體的子宮內，讓牠繼續發育，直到足月、出生。

這三個步驟，目前已知的事實是，失敗率極高，例如桃莉的誕生可說是幸運中的幸運，總共實驗了 277 次才成功 1 次。以其他物

種做的實驗也一樣，無一例外。更重要的是，沒有人知道失敗與成功的「道理」。不明白道理，就只是技術了，對科學知識的促進極有限。當然，有用的技術依然可以豐富人類的生活，造福大眾。可是目前已知的所有克隆動物，似乎都有先天缺陷，原因不明，因此克隆動物的實用價值，仍然有待觀察。

我們現在可以確定的是，克隆技術不是製造動物複本的複製技術，因為克隆技術的核心是製造合成卵子。所有動物個體都必須從卵子發育、成長。只要必須經歷發育成長的過程，核 DNA 就不可能是唯一的主控力量。「複製人」根本是無稽之談，還有一個重要的科學理由：人類的大腦主要是在人文環境中發育的，而不是在母親的子宮裡。

了解克隆技術的實際內涵，是想像克隆技術前途唯一的堅實基礎。可是國內的媒體一再以不適當的譯名（複製羊、複製豬、複製××）報導克隆技術的研發結果，並無中生有地摻雜了錯誤的解說，不僅誤導大眾，就長程後果而言，對科學發展也會造成不良影響。

例如 2002 年 8 月 8 日華視晚間新聞，在報導「酷比豬」的故事時，竟然提到「複製器官」的遠景，而且言之鑿鑿，若有其事，完全是瞎說。我們可以說克隆技術是製造生物個體的技術，可是這個技術絕對無法複製器官。因為生物器官只能在完整的動物身體裡發育、形成。

科學家向大眾說明研究的成果，也不應該避重就輕，發表含糊不實的預言，聽任大眾誤解，自由想像，尤其是納稅人供養的學者。美國國家科學院就出版了許多資訊，供民眾在網路上免費閱讀、列

印。例如剛出版的 《人類生殖克隆技術的科學與醫學面相》
(*Scientific and Medical Aspects of Human Reproductive Cloning*)，是國家研究委員會 (NRC) 聘請的專家寫成的，文字淺顯易懂，內容完備（共 296 頁）。❷

　　只有美國的領導科學社群才會為民眾做這種事嗎？

---

❷ http://books.nap.edu/catalog/10285.html

13. 談「複製人」

　　「複製人」又成為新聞了。這似乎是時代病，只不過彰顯我們已進入高齡社會的事實。國人追求長壽，傳統源遠流長，目的似乎只是長生。可是生物就是「會死的東西」，這是定義。一般而言，定義是沒什麼道理可說的，不過生物的這個定義卻有道理，而且很有道理，那就是熱力學定律。

　　根據大科學家費曼 (Richard P. Feyman, 1918～1988) 的看法，科學的內容不是常識意義的真理，而是不大可能隨隨便便就「顛覆」了的知識。關鍵在「不大可能」，而不是「絕不可能」。目前通行科學教科書中的知識（或定律），有些「非常不可能」給推翻，有些就不能那麼肯定。例如楊振寧、李政道 1957 年得到諾貝爾獎的成就，就是指出「對稱」不是宇宙構造的根本原理。

　　可是許多傑出的物理學家都承認，即使現行教科書中大部分理論都給推翻了，熱力學定律仍是物理學的堅實基礎。這麼偉大的定律想必極為艱深吧？不然。也許是大音希聲的緣故吧，這麼重要而堅實的宇宙根本原理卻明白暢曉得很。熱力學定律其實不只一個，而是三個，而且可算英文的「三字經」，中文譯出來成了四字真言，倒也符合中文的律令格式。看官注意了：

　　熱力學第一定律：你贏不了；(You can't win.)

　　熱力學第二定律：你必然輸；(You must lose.)

　　熱力學第三定律：你跑不掉。(You can't get away.)

　　對的，大化流行，萬物寂滅。宇宙的終極收場，就是均一、平衡的時空，到了那時「時空」的意義也會變──變得毫無意義。因為時空中若沒有差異，那叫什麼時空？事物的景觀不同，我們才知道自己處於不同的位置；事物的狀態不同，我們才知道此一時，彼一時也。時空的存在，基於一個「變」字。

　　生物一定會死，因為生物只是能量、物質聚集於一特定時空的特定形式，根據熱力學定律，這是違背自然發展方向的。生命即使燦爛一時，也不過「暴虎馮河」，何況芸芸眾生多的是好死不如賴活著？

　　當然，有多少人會因為熱力學定律而感悟「人生的意義」則是另一個問題。值得我們注意的倒是「人生意義」之類的問題，其實是「語言」建構的。語言不受科學定律的支配，自成一格，有其內部的邏輯。選戰期間我們感受特別深刻。以科學語言表達科學概念，往往造成引人誤入歧途的效果。「複製人」就是最好的例子。

　　許多科學術語，流行的原因就是能引人遐思。例如「試管嬰兒」，許多人以為就是在試管中製造嬰兒，而不了解那只不過指「將卵子與精子置入試管送做堆」。這樣得到的受精卵仍然得在母親的子宮中著床、發育。大家一聽說「複製人」，心頭浮現的影像往往是《星際爭霸戰》中的情節，人可以用類似複印機的機器「複製」。根本不是那麼回事。

　　先不談技術的細節，「複製人」最重要的事實是：胚胎仍然必須在人類女性的子宮中發育，胎兒仍然必須由產道出生。更重要的是，每個人類胎兒出生時腦容量大約只有成人的四分之一。人類的大腦是在母體外，也就是人文環境中發育成長的。環境不同、經驗不同，

大腦構造的細節就不同。這就是為什麼連同卵雙胞胎都會有差異的原因。任何人都不可能「複製」！

　　目前宣傳「複製人」最重要的科學理由是：取得幹細胞供醫療之用。幹細胞理論上能分化成各種臨床需要的細胞，可是如何利用那些細胞卻是個大問題。在實驗室的細胞培養皿中，幹細胞從來沒有發育成一個器官過。生物的身體不是機器，無法由協力廠商分別製造零件，再送到核心工廠裝配。生物的器官只能在生物的身體裡發育。

　　我們現在已有動物實驗的證據：部分肌肉壞死的心臟，若注射幹細胞，幹細胞會發育成心肌，心臟的效能因而提升。至於其他有病變的器官是不是可以用同樣的方式「治療」，必須視情況而定，目前我們確實掌握的知識極少。心臟肌肉的例子，值得大家特別注意的是：心肌壞死的原因我們早就很清楚，而且原因也相當單純，就是營養心臟的冠狀動脈堵塞。因此機械性的修補成功的機會大。像阿茲海默症這類問題，就不適合這樣「修補」。

　　阿茲海默症的病理結果是大腦許多部位的神經元大量死亡，特別是大腦皮質。以「新鮮」神經元補充的點子大概行不通，主要的理由是：大腦是我們一生的記錄器，所有資訊都以神經元的連絡模式記錄著，大腦神經元的壽命很長，就是這個緣故。阿茲海默症的臨床症狀，不只是神經元因不明原因而大量死亡，過去記錄下的資訊也因而「洗掉」了。在這樣的大腦中補充新鮮神經元，有什麼用？

14. 基因的迷思

新世紀開始了，太陽底下有沒有新事就成為許多人的心事。其實回顧過去才是最踏實的，要是覺得過去這年像個揮之不去的夢魘，何妨回顧過去的一世紀，一百個年頭，總有些令人甜蜜得落淚的記憶吧。

新年新希望。整個說來，科學界似乎是贏家，沒有股市的雲霄飛車，也沒有政壇的狗屁倒灶。人類基因組計畫就要完成了，是一件真正的劃時代大事。回想 1900 年，三個不同國籍的生物學家，不約而同地「發現」了 1865 年就發表了的一篇論文，現代遺傳學這才正式在科學界算個名堂。

放眼科學界，遺傳學大概是個異數。早在一萬年前，我們的祖先憑著植物遺傳學的一丁點兒知識，加上運氣，就創造了一種全新的生業──栽種莊稼，為文明奠定了基礎。整個人類的歷史從此改寫。後來遺傳學基本上一直沒有什麼進步，一部人類文明史可是充滿著翻雲覆雨的詭譎。從來沒有一門科學，對人類歷史發生過那麼大的影響。

二十世紀可說是遺傳學世紀，現代遺傳學是在二十世紀的第一個十年從無到有的：祖師爺（在今日捷克境內出生、成長的孟德爾）找到了 (1900)，招牌 (genetics) 有了 (1906)，最重要的概念（基因）也有了 (1909)。二十世紀結束，人類基因組計畫為遺傳學世紀劃下完美的句點。

因此美國麻省理工學院科技史講座教授凱樂 (Evelyn Fox Keller,

1936～) 在 2000 年出版的《基因世紀》，特別值得我們注意。根據
凱樂，「基因」這個概念「美好的仗已經打完了」，在遺傳學證據的
巨大壓力之下，「基因」終於要粉身碎骨了。讀者要是一頭霧水，請
別著急，讓筆者先為大家摸摸這位凱樂教授的底。

　　原來凱樂是學分子生物學出身的，後來逐漸對科學史、科學哲
學、女性主義等「基進」學術產生興趣，開始以批判的眼光審查科
學在現代文化中的地位。1983 年她出版了女性遺傳學家麥克林托克
(Babara McClintock, 1902～1992) 的學術傳記《玉米田裡的先知》(*A
Feeling for the Organism*，臺北：天下遠見出版)，哪裡知道這一年年底
諾貝爾獎揭曉，麥克林托克獨得生醫獎。於是凱樂成為「先知」，一
炮而紅。現在「基因」這個詞正當令，凱樂卻預言這個概念就要崩
潰了，我們應該當真嗎？

　　只要舉兩位以遺傳學成就得到諾貝爾獎的學者的意見，就可以
證明凱樂絕非無的放矢。

　　首先還是麥克林托克，她在 1980 年代遇見一位滿腹狐疑的研究
生，研究生問她：基因是什麼？她的答案是：我不知道。另一位就
更有名了，是與華生 (James Watson, 1928～) 一齊解開 DNA 分子結
構之謎的克里克 (Francis Crick, 1916～2004)。他本是物理學家，然後
給華生拖下水，對 DNA 的分子構造發生了興趣。然後他對基因編
碼也提出了許多睿見。但是最後他改行研究心靈—大腦—意識去了。
有人問他：科學只能研究清楚的對象，而心靈、意識是非常模糊的
概念，可以當作科學研究的工具嗎？克里克的答案是：「告訴我基因
是什麼？」克里克的意思很清楚：現在已經沒有人知道基因是什麼
了，可是遺傳學似乎沒有因此而停滯。

　　因此，對遺傳學的行家而言，基因已經沒有意義了。任何一個複雜生物，從受精卵發育到成體，都是無數力量互動的結果，光有基因也沒輒。因此電影「侏儸紀公園」描繪的情節（利用「古DNA」再造恐龍），絕對不可能發生。桃莉羊證明的反而是：「細胞核中的 DNA（基因組）必須在卵細胞質中才能發揮作用。」可是國內的閱聽大眾每天都會聽見有頭銜的科學家大談基因，振振有辭，似乎基因是生物體內唯一發生作用的因子。理財行家指點我們：隔壁的歐巴桑開始買股票了，我們就該把手上的股票拋出。那麼我們是不是也可以說：人人談基因的時候，就是拋棄基因的時候？

　　《基因世紀》重點當然不是要我們拋棄「基因」概念而已。筆者關心的也不只是凱樂的論點，而是我們的科學家應負起社會教育的責任，以平實的文字為納稅大眾說明遺傳學的道理。好學深思者必須認清楚：「科普」這個詞千萬認真不得，任何一門學問，想窺堂奧，都得下工夫。

　　語言是工具。基因這個詞，作為指月之「指」，並無大礙，若拘執不化、囫圇吞棗，以無知為知，方成大患。

15. 基因圖譜？

「基因圖譜」是每個媒體都不得不提的東西。可是誰說得出「基因圖譜」究竟是什麼？提個簡單的問題好了，請問「基因圖譜」是從哪個英文詞翻譯過來的？

其實這些天英文媒體中最紅的字眼是．The Human Genome Project，其中的關鍵字 genome（一個生物所有基因的集合），在國內就有兩個不同的譯名：基因組與基因體。有些記者似乎不知道這兩個中文詞事實上是同一個英文字的中譯，在同一個段落甚至同一個句子中分別使用了這兩個詞，好像它們有些區別似的。

其實國內一向使用「基因組」譯 genome，而中國大陸的通行譯名是「基因體」。大概是 2000 年吧，榮陽團隊的研究結果上了報，不知怎地「基因體」就開始流行了。

可是「基因圖譜」這個詞怎麼來的，筆者至今仍沒有理出頭緒。我猜得出這個詞原先大概指什麼。以人類的 23 對染色體來說好了，每個染色體上有哪些基因，位置大約在這個染色體上的哪個地方，科學家已經知道了一些。例如 2000 年 5 月榮陽團隊將第四號染色體與肝癌有關的一個長段落定序完畢，同時也宣布他們初步發現了大約三百個基因，其中 82 個前人已經研究過，功能也知道了，剩下的兩百多個，182 個尚不知功能，36 個是榮陽團隊新發現的。在第四號染色體的示意圖上，將這些基因的位置標出來，就是所謂的「基因圖譜」。

　　可是第四號染色體的「基因圖譜」不足以概括榮陽團隊的成就。因為他們定序的這一段染色體 DNA 包括 1,300 萬個鹼基。我們的科學家把這 1,300 萬個鹼基的順序找出來了！而第四號染色體由兩億個鹼基組成，其中不知還有多少基因沒有鑑定出來。因此現在媒體上大肆報導什麼「基因圖譜」，只代表記者不求甚解而已。

　　2000 年 6 月底在美國白宮宣布的劃時代大事是：人類基因組的鹼基定序工作已經完成了 90%。2001 年 2 月中旬初步分析結果發表了，最受到注意的是：這份草稿以電腦分析後，發現其中的基因數目在四萬個之內，令專家十分驚訝。這個數字比過去的流行估計──十萬個──少了很多。不過，對於這劃時代的成就，我們必須有些預備知識才好欣賞，才知道該期盼什麼。

　　首先，為什麼是鹼基？鹼基定序又為的什麼？

　　這就必須談染色體、DNA、基因的關係了。簡言之，染色體的主要成分是 DNA 分子，鹼基也是化學分子，是組成 DNA 分子的零件。基因就是 DNA 分子上特定的鹼基序列。所以將 DNA 分子的鹼基序列找出來，是找出基因的第一步。

　　生物的基因組一向給比喻成「生命藍圖」，這個比喻不切實際，因為基因組的 DNA 上有許多段落似乎是「垃圾」，或者至少可以說「功能不明」。估計人類基因組中的全部鹼基序列，至少有 75%「功能不明」。所以從全部鹼基序列中披沙揀金，找出有功能的段落（基因），是重要的下一步。前面已經說過，現在得到「人體由四萬個基因打造」的結論，是電腦分析的結果，是否確實，有待實證。科學家早就開始打賭，賭人類基因組中有多少個基因，20 萬到 3 萬都有人猜。2001 年 2 月 12 日星期一美國兩大研究團隊分別發表了「不

到四萬個」的結果後，仍然有著名的科學家不以為然，相信實際數字超過十萬個的，大有人在。

當然，對於人類基因組中究竟有多少基因的爭論，目前不妨擱置，反正已經知道有三萬個以上基因，足以大忙特忙了。

可是找出基因的功能並不容易。而我們現在知道的許多基因，是在病理情況中發現的。舉個例子就容易了解涉及的問題有多複雜了。要是你打開一部電腦，看見電路板上有許多電晶體零件，你如何確定每個電晶體的功能？

總之，人類基因組計畫的目標已經初步達成了。所得到的資訊像是一部天書，我們知道這本天書是用什麼字母寫成的，也知道字母的順序。可是我們不知道書裡有哪些段落是沒有意義的，也不清楚句讀，更不知有意義的字句有多少、怎樣連結在一起，因為我們甚至還不清楚它的文法。

可以肯定的是：這本天書開啟了新的生物醫學世紀。對，我強調的是「世紀」。

16. 追獵杭丁頓基因

美國政府支持的人類基因組計畫 (HGP) 在 1990 年 10 月正式上馬。這個計畫在許多方面都是一種嶄新的嘗試，它牽連之廣，即使當年的曼哈頓計畫也相形見絀，而決策過程中的政治折衝，因為是在承平時期，尤其複雜，因此已有許多書籍與論文討論 HGP 的「歷史」了。《基因戰爭》❶ 是有興趣的人不可錯過的。

科學政策涉及資源分配，必然是「政治」，而政治有其內在的邏輯，與科學界視為理所當然的程序與價值，往往扞格不入。一流的科學家未必有好的政治手腕；出色的科學研究計畫，要是規模與既有的政治生態鑿枘不入，也難以爭得資源。成功的「政治」不是常識意義的「講理」就能搞定的。

《基因戰爭》中有許多故事都值得我們深思。例如我們幾乎已視為理所當然的人類基因組計畫，在美國，許多家庭悲劇的涓涓細流凝聚的力量，也扮演了重要的角色，為所謂「民氣可用」鑄造了新解。

話說伍迪‧古思利 (Woody Guthrie, 1912～1967) 是美國民謠形成期的傳奇人物，他對美國流行音樂的影響，舉鮑伯‧狄倫就足以說明了。狄倫年輕時，對伍迪極為仰慕，還主動到紐約協助照顧晚年的伍迪。他出道時，就以模仿伍迪成名，無論音樂風格、打扮、姿態全都維妙維肖；狄倫是明尼蘇達人，可是他連咬字都模擬伍迪

---

❶ *The Gene Wars*, by R. Cook-Deegan, New York: W. W. Norton & Company, 1994.

的奧克拉荷馬腔。

伍迪參與了 30、40 年代的「民謠政治運動」，以歌曲控訴社會的不公不義。二次世界大戰期間他還因為反法西斯的理念而入伍。戰後他與第二任妻子與孩子定居紐約康尼島，寫出一系列童歌，極受歡迎。可是不久他的行為與身體就開始不穩定了，家庭、事業都受到影響。他離家出走，離婚、再婚。由於精神、身體每下愈況，他不得不終止走唱生涯，回到紐約。1954 年起，他就不斷出入醫院、換醫院。13 年後伍迪逝世。

一開始，醫師對伍迪的診斷包括酗酒、思覺失調，最後才確定他得的是杭丁頓氏舞蹈症 (Huntington's chorea)。那是大腦運動系統的疾病，病人除了全身不由自主的動作外，還有認知與情緒上的問題。伍迪還是個孩子的時候，母親就給送到療養院，也是因為這種病。

我們今天紀念伍迪，除了他在美國流行樂壇上的成就，還為了他在杭丁頓氏症研究上扮演的角色。其實應該說是伍迪的第二任妻子馬喬莉〔Marjorie，曾是瑪莎·格蘭姆 (Martha Graham, 1894～1991) 舞團的舞者〕。伍迪晚年一直由她照料。伍迪過世後，馬喬莉組成了「抗杭丁頓氏症委員會」，不斷到國會山莊遊說，終於使國會通過法案 (1977)，在美國國家衛生院神經疾病研究所 (NINDS) 設立「杭丁頓氏症委員會」，負責向國會建議對抗杭丁頓氏症的方案。這個委員會聘任了年方 30 的南哲·魏思樂 (Nancy Wexler, 1945～　) 為執行長（現任哥倫比亞大學醫學院講座教授）。

南哲也是在杭丁頓氏症的陰影下成長的，她的母親、三個舅舅、外祖父都死於這個病。南哲與妹妹、父親眼睜睜看著母親的身體出

現無法控制的動作，心智也逐漸退化。她父親是位精神醫師，醫師診斷出母親得了杭丁頓氏症那一年 (1968)，他成立了遺傳疾病基金會，支持科學研究。

杭丁頓氏症委員會在 1978 年提出了推薦方案。南皙便到神經疾病研究所主持實現那些方案的經理工作，負責招募優秀研究人員，審核研究計畫，分配經費。她與父親兩人，一個在公家、一個在民間，互相配合，創造了一個成功的研究故事。這個故事除了馬喬莉、南皙之外，還有許多不幸的家庭，以及許多科學團隊。

一開始，南皙的科學顧問決定的研究方略──直接向 DNA 下手──就是個正在成形的點子。回顧起來，現在常識豐富的新聞記者隨口就能娓娓道來的科學點子，在 70 年代末可是石破天驚的新花樣，前途未卜。許多資深科學家就認為，南皙決定尋找「杭丁頓基因」是瘋狂的，因為無異大海撈針。

好在這時南美一個更大的悲劇提供了重要的科學資訊：委內瑞拉發現了一個龐大的「杭丁頓氏症」家族。重建族譜的結果，發現在 8 代 11,000 人中，「杭丁頓基因」可以追溯到十九世紀初的一個婦人，已知罹病者共有 371 人。這個家族還活著的就有 9,000 人，大多數都在 40 歲以下。估計還有 660 人體內有「杭丁頓基因」，只是年紀還小尚未發病。

利用這個家族的血樣，科學家不久就確定杭丁頓基因位於第四號染色體上。本來大家以為找出基因，以及它的功能（致病機制）是指日可待的事。哪裡知道大約 10 年後這個基因才真正現形。1993 年 3 月發表的正式報告共有 6 個團隊列名，合計超過 60 位科學家。

　　這類經驗是支持人類基因組計畫的重要教訓：集中大筆資源，以現代化的管理方式經營，才可能在短時間內完成私人或小本經營難以達成的目標。

17. 粒線體夏娃

國人喜愛「科學與人文」這個題目，三不五時就要將幾位毫不相干的人送做堆，在眾人面前一齊亮相，然後各說各話。奇的是，這樣的表演居然賓主盡歡。邀的人振振有詞，受邀的人義形於色，觀眾覺得熱鬧，大家都有收穫。至於什麼收穫，由於多年來這樣的活動已經成為儀式，以「共襄盛舉」為目標，就沒人追究了。

其實在大眾文化中，已經有一些足以象徵「科學與人文」寓意的術語，要是掌握得住，是深入思考「科學與人文」內蘊的鑰匙。「粒線體夏娃」(mitochondrial Eve) 就是個好例子。粒線體是真核細胞中的胞器（細胞器官），在細胞質中，論功能可以比擬為發電廠，負責供應細胞能量。至於夏娃，大家就熟悉多了。根據西洋《聖經‧創世記》，她是世上第一位女性，就是全人類的女始祖啦。

粒線體夏娃是科學家追溯現代人起源地的一種方法。原來粒線體有自己的 DNA，1981 年，英國生化學家桑格（Fred Sanger, 1918〜2013；得過兩次諾貝爾獎）的團隊將粒線體 DNA 定序完畢，發現它有 16,569 個鹼基對，大概代表 30 幾個基因。現在我們知道有些遺傳疾病與粒線體 DNA 的基因有關，例如腦神經退化導致的四肢發育不良、智能不足、視障等。由於人類受精卵的細胞質幾乎全部源自母親的卵子，父親的精子基本上就是個會游動的細胞核，對受精卵最主要（也最重要）的貢獻，是提供核染色體。因此每個人體內細胞的粒線體幾乎全是從母親來的。我們可以說：就人類的粒線體 DNA 而言，人類是個母系家族。比較世界各地人群的粒線體 DNA，我們有可能追溯現代人最早的一位母親——夏娃。

　　發明這個點子的背景，其實科學、人文都涉及了。科學家對過去五百萬年人類的演化已經掌握了空前的知識。哺乳動物中沒有任何一個物種在過去五百萬年中留下那麼豐富的化石，連我們的近親黑猩猩都沒有。何況人類還留下了大量的文化遺跡（如石器）可供憑弔、演繹。但是科學家對人類自然史的大關節知道得越多，對於細節的興趣也越大。例如我們都知道非洲是人類的演化搖籃，可是人類什麼時候走出非洲？現在世上各地的族群是就地演化的，還是給一波波的新移民取代的？大家熟知的「北京人」（約四十萬年前）是所謂中國人的祖先嗎？

　　「中國人的祖先」不只是個科學問題。例如 1998 年美國學者在《科學》(281: 251–253) 上發表論文，指出北京人遺址的「灰層」遺跡不能作為北京人已經懂得用火的證據。結果大陸學者組織了「反駁」班子評論那篇論文，連閒雜人等都拔刀相助、友情贊助，就可看出這是個人文得不得了的民族情緒問題。

　　因此利用粒線體 DNA 的鹼基序列推算各地人群間的遺傳距離，似乎是個可以避免觸動情緒的好點子。既然談祖先，遺傳資訊當然是最後的判準，誰也無法否認吧？最早發表的結論是：我們都是非洲人，管你皮膚是紅、黑、黃、白！這個結論目前還不算定論，因為涉及數學的細節，這裡就不多說了。

　　最近再度引起大眾注意的「基因寶寶」又涉及粒線體 DNA，而且也因為涉及相關的「祖先」問題，引起了「有識之士」的議論。其實「基因寶寶」這個詞只反映了記者的知識水平。因為這種技術只不過是在卵子中補充「另一個女人」的正常粒線體而已。

　　我們已經說過，要是受精卵粒線體 DNA 的基因有缺陷，可能會導致嚴重的發育問題，孩子的缺陷以目前的技術根本無法治療。預備懷孕的女性，要是懷疑自己卵子的粒線體 DNA 有問題，可以請醫師從「第三者」卵子抽出正常粒線體，注入自己的卵子，然後再授精。受精卵因為有正常粒線體 DNA，於是順利發育、出生、成人。這個技術當然有風險，因為我們不清楚粒線體 DNA 與細胞核 DNA 的互動細節。不過動物實驗尚未發現任何不妥。

　　至於倫理學者指出這樣的嬰兒有「兩個媽」的說法，我們暫時可以用基礎生物學知識來答覆：一般所謂的生命藍圖或發育藍圖，是受精卵細胞核中的染色體 DNA，它們一共有兩套，一套是媽媽的卵子貢獻的，另一套是爸爸的精子貢獻的。粒線體位於細胞質中，負責供應細胞能量，與細胞核中的染色體各有職掌。

18. 大道之行也

回教徒與猶太教徒不吃豬肉的習俗，據說源自《舊約·利未記》的記載，上帝透過摩西、亞倫，曉諭以色列人：

> 凡腳蹄分為兩瓣且又反芻的動物，都可以吃。但是……。
> 豬也不可以吃，要把牠當作不潔淨的動物；因為豬雖然腳蹄分瓣，卻不反芻。（11 章 1–7 節）

歷來，解經者對這種飲食誡命的解釋，可分為兩大派。一派主張，《聖經》中關於飲食的規範，其中沒有什麼道理，充其量不過是一種「行為約束」，經過這種約束的試煉，信徒才能蒙神恩。孟子說，天降大任，必令斯人「動心忍性」，大約也是同樣的道理。

另一派則主張，這種誡命是「寓言」，也就是說，它們意在言外，專從字面意義演義，未免著相。

有意思的是，在現代人類學中，對上帝的飲食誡命也有兩派看法。1966 年，英國人類學家瑪麗·道格拉斯 (Mary Douglas, 1913～1996) 另闢蹊徑，指出從《聖經》內蘊的象徵系統出發，才能得正解。根據她的詮釋，上帝規定的秩序，也就是神聖／非神聖（潔／髒）的分野，在走獸身上以分蹄與反芻為判準，而豬卻分蹄、不反芻，揪出這種「跨界」物種，等於再確認上帝規定的秩序。

相對於道格拉斯的象徵分析，美國人類學家馬文·哈里斯 (Marvin Harris, 1927～2001) 從中東的自然生態入手，就平易多了。哈里斯認為，豬有幾個特點，不適合當家畜。第一、豬與人爭食，不

像牛馬羊，只吃人不吃的東西；第二、豬除了肉以外，沒有其他的用途，例如牠們沒有奶，皮、毛沒什麼用，也沒有角；第三、豬難以成群地趕，對牧民尤其不便；第四、豬調節體溫的機制不發達。

原來人體表面每平方公尺每小時能蒸散體液 1 公斤，豬只有 30 公克，綿羊是豬的兩倍。要是氣溫超過攝氏 36 度，成豬暴露在陽光下直晒，就會死亡。而約旦河谷幾乎每個夏季氣溫都超過攝氏 43 度。在我們的印象裡，豬很髒，那是因為氣溫只要接近攝氏 29 度，牠們就會在自己的屎尿裡打滾——不是牠們自甘汙穢，而是為了發散體熱。只要氣溫低於 29 度，豬圈裡吃與睡的角落可是乾淨得很的。

其實，不只宗教上的飲食禁忌有科學的道理，科學家研究生物學，對於從什麼樣的動物下手，也特別講究。許多重大科學突破，都是因為當初選對了動物做實驗。1963 年，諾貝爾生醫獎頒發給艾可斯 (Sir John C. Eccles, 1903～1997)、霍奇津 (Alan Lloyd Hodgkin, 1914～1998)、赫胥黎 (Andrew F. Huxley, 1917～2012) 三人，表揚他們揭露神經傳導機制的成績，關鍵就是：北大西洋的長鰭槍烏賊 (*Loligo pealei*)。（按，國人食用的鎖管、透抽，有幾種與這種槍烏賊同屬。）

長鰭槍烏賊體長 60 公分，神經軸突（將訊號傳送給另一個神經元的神經纖維）直徑達 1 毫米（十分之一公分），是人類軸突的一百倍，大概是地球上最粗的神經纖維。初春時，長鰭槍烏賊會到美國麻州鱈魚角附近產卵，因此每年到了 4 月，許多科學家都會到那裡的海洋生物研究所 (MBL) 從事神經學研究。2000 年，科學家發現肝炎病毒可以「搭乘」軸突的蛋白質散布到動物身體各處，就是以長鰭槍烏賊做的實驗。最近的研究，揭露了神經纖維受傷後的修補

機制。說不定，這種知識能讓科學家設計出治療脊髓傷害的有效方法。

　　不過，有時科學家選擇實驗動物，純粹出自「策略」的考量。

　　1997 年，以克隆技術 (cloning) 製造出桃莉羊的消息轟動一時。除了誇大不實的「預言」之外，科學家舉出的克隆技術用途，事實上沒多大具體意義。例如，研發桃莉羊的魏爾邁 (Ian Wilmut, 1944~) 認為，克隆技術可以「保存優良的家畜種系」。這不切實際，理由很簡單，綿羊是很便宜的家畜，不值得費事以克隆技術製造。魏爾邁以綿羊做克隆實驗，只因為過去有科學家以綿羊做過還算成功的實驗。

　　魏爾邁的真正目標是牛。牛的經濟價值很高，以乳牛來說吧，優良母牛的產乳量是平均值的兩倍。可是乳牛的壽命長，成熟慢，懷孕期長（9 個月），一年只產一頭。因此，要花許多年才能判斷一頭牛是否值得作為種牛。1980 年代就有好幾個團隊以牛做克隆實驗，但是一直沒有產生預期的經濟效益，還有難以克服的技術問題。例如，以克隆技術製造的牛胎，都有過大的現象，造成難產，至今仍不清楚原因。魏爾邁製作桃莉羊的經驗，並沒有產生什麼睿見，足以解決克隆牛實驗的問題。

　　克隆技術兜售的，是夢想。我們知道其他的動物也會做夢，但是只有人類會夢想未來，據以設定行動方案。只不過，有些夢想，真的實現了；有些夢想，仍然只是夢想。

19. 尋　根

　　2001 年 3 月 2 日，美國的權威科學學報《科學》(*Science*) 再度以「現代智人大遷徙」做專題報導，少不得涉及「尼安德塔人問題」：尼安德塔人是現代人的直系祖先嗎？

　　科學界知道的第一個尼安德塔人化石，在 1856 年（清咸豐 6 年）8 月出土，次年由波昂大學解剖學教授夏夫豪森 (Hermann Schaaffhausen, 1816～1893) 提出正式報告，現代古人類學 (paleoanthropology) 就算正式成立了。哪裡知道一個半世紀後，「尼安德塔人」仍是古人類學界最「尖端」，也最「尖銳」的問題。

　　說來古人類學真是個異數，從來沒有一門科學像它一樣，除去了科學家的性格與信念，就只剩下一堆「碎骨亂石」了。外行人看熱鬧，看的是學者之間的激烈交鋒；內行人看門道，可是在一大堆形同「斷爛朝報」的資料中想看出苗頭，非得有強烈的信念不可。

　　我有時覺得「人類起源」之類的消息受到西方大眾媒體的青睞，實在不可解。就現代科學對證據的講求程度而言，古人類學家所掌握的直接證據，實在少得可憐，比占星家還不如。現在世界上領有執照（博士學位）的古人類學家總數，比起他們正在研究、辯論的標本數量大得多了。要不是古人類學家以演化論與自然史為古人類化石建立了堅實的解釋架構，這門學問能不能成形，大可懷疑的。

　　也許自然史 (natural history) 是個關鍵。國人對滄海桑田、地質變遷，甚至地下出土的化石都早有認識〔例如北宋的沈括 (1031～1095)〕，但是從來沒有發展出自然史概念；國人自古就認清「人之異於禽獸者幾希」，但是這不等於西方的「人類自然史」概念。歐洲

學者覺悟到地球、自然都有一悠久的歷史，是十八世紀的事。十九世紀初興起的「人類自然史」，一開始就是個衝決網羅的「基進」(radical) 概念，對於傳統社會的階級、門第觀念是挑戰，也是威脅。要是人類是從「低等類型」演化出來的，不就意味著自然的教訓是：「公侯將相寧有種乎」？

「尼安德塔人問題」是在這個背景中出現的。難怪當時歐洲學者大多認為尼安德塔人化石代表的是現代人，他的頭骨形態雖然有些猿的特徵，但可以解釋成病理結果。即使相信人與猿有「自然史關連」的學者，也認為「野蠻」人種（如黑人）還沒有完全擺脫猿的形態，因此這個化石與歐洲人無關。

後來歐洲發現了許多史前遺址，歐洲史前史到了十九世紀末已理出了頭緒。尼安德塔人與現代人不只生存時代與形態有差異，還有文化的差異。尼安德塔人是舊石器時代中期文化（二十幾萬年前到三萬年前）的主人，最早的歐洲現代人是克羅馬儂人，他們與舊石器時代晚期文化（約四萬年前開始）的遺物一齊出土。這時流行的解釋是：尼安德塔人是比較原始的人，給高級的現代人消滅了，而那些現代人另有演化淵源，與尼安德塔人沒有直接關係。

二次世界大戰後，學界逐漸產生了新的共識，認為必須將先前所有古人類化石整理一番，才好凸顯問題。於是主流教科書開始宣傳「最簡約的」人類自然系譜：尼安德塔人是現代人的祖先。不過自 1950 年代末起，非洲不斷出土重要的化石，確立了「人類演化搖籃」的地位；有很長一段時間，報紙三不五時就以頭版報導東非新出土的人類祖先化石。學界把研究重心置於非洲，尼安德塔人就不受重視了。

　　1980 年代，學者發現了現代人祖先與尼安德塔人十萬年前共同生活在中東的證據，尼安德塔人再度成為問題。有意思的是，這時有些學者在重新整理化石資料後，卻相信人類在各大洲有相當獨立的演化史，例如蒙古人是東亞「原生的」；可是各大洲之間也不斷發生小規模的族群流動，因此各大洲的人群間沒有遺傳隔離。在他們眼中，尼安德塔人與現代人只有「種內」差異。中國大陸的學者，就喜歡強調東亞是「中國人」的原鄉，至少可以追溯到北京人時代。

　　學者之間的爭論經常成為新聞，往往滲入流行文化，成為小說創作的靈感。英文書市中以尼安德塔人為題材的小說並不少，有些還成為暢銷書，例如美國女作家奧兒 (Jean M. Auel) 自 1980 年起發表的系列小說《大地兒女》（自《熊洞一族》起）。國內翻譯出版的科幻小說《醜小孩》（葉李華譯，臺北：天下遠見），以一個尼安德塔人小孩為主角，討論極為嚴肅的科研倫理問題，也是別開生面之作。

20. 不問蒼生問鬼神

　　古人類學史上最有趣的就是：今天教科書裡所談的「人類祖先」化石，沒有一個一發現就給當作祖先的。只有北京人例外。

　　就從科學界知道的第一個「古人類」化石尼安德塔人談起吧。他是 1856 年（清咸豐 6 年）8 月出十的，第二年，波昂大學解剖學教授夏夫豪森發表研究報告，提出了三點結論。一，形態上，這個化石代表一種「古人類」；二，這種古人類可能是歐洲的「原住民」，現代歐洲人的祖先到達之前，已經生活在那裡了；三，從一齊出土的化石看來，這種古人類與已經滅絕的動物曾經在一起生活，例如劍齒虎。

　　換言之，夏夫豪森認為尼安德塔人是生活在更新世的古人類。在當年，這是非常大膽的見解，因為學界的主流意見，仍然認為人類是地球生命史上的「新」物種，直到更新世結束才出現在世界舞臺上。（現在已知地質學上的更新世大約從 258.8 萬年前開始，1.17 萬年前結束。）

　　當年的科學界大老，卻認為尼安德塔人不是「古人類」，而是畸形的現代人，甚至野蠻人（非白種人）。夏夫豪森沒有說服大老，可是歷史對他很公平：他的結論現在正是歐洲史前史研究的起點。至今「尼安德塔人問題」仍然盤據歐洲史前史界，各方辯論時的激情演出，要是夏夫豪森在場，必然不會認為時光已流逝一個半世紀了。

　　所謂「尼安德塔人問題」就是：他們與現代人（智人）究竟有什麼關係？根據考古證據，體態與我們完全一樣的現代人（克羅馬

儂人）近四萬年前在歐洲出現，我們認為舊石器時代最重大的文化突破（例如藝術作品），也同時出現，可是尼安德塔人卻消失了。

從解剖學來看，尼安德塔人與現代人的差異其實相當明顯，即使一個外行人，只要見過尼安德塔人的化石，以後大約就不會認錯。因為他們的骨骼無分男女，一律非常粗壯，肌肉附著處非常明顯，給人的整體印象就是：蠻力十足的傢伙。相對來說，現代人就纖細多了。頭骨的形態差異更明顯，尼安德塔人的頭從側面看，從前額到後腦勺看來像個法國麵包，而我們的頭大體而言是個球形。

不過，從十幾萬年前就生活在歐洲的尼安德塔人後來突然消失了。怎麼回事？最簡單的解釋就是尼安德塔人演化成了現代人。

大約在 60、70 年代，這是教科書的理論，因為它最「簡約」——科學不就是化繁（煩）為簡的工具嗎？

不過科學家真正感興趣的，不是說來方便的故事，而是事物的變化機制。果真尼安德塔人演化成現代人了，演化的動力是什麼，過程的細節是什麼？至少我們想知道骨骼、頭形的變化是怎麼回事？（暫不談文化！）

1997 年，德國慕尼黑大學動物學研究所的團隊宣布了一個發現，將「尼安德塔人問題」帶入了「高科技」領域。❶ 那兒的專家從尼安德塔人化石中抽出了粒線體 DNA 分析，結論是：在遺傳上，他們與現代人早就「分家」了，因此不可能是現代智人的直接祖先。

---

❶ 領導那個團隊的瑞典人帕博 (Svante Pääbo, 1955～)，以開創「古基因組學」的貢獻，獨得 2022 年諾貝爾生醫獎。1997 年，帕博受邀創辦「演化人類學研究所」（位於德國萊比錫），已是世界級的研究機構。

但是，學界仍有人主張「審慎」，因為目前世上只有幾個實驗室有能力分析「古 DNA」，這個結論有待進一步證實。不過，那多少是場面話，他們不信服，主要是心中已有定見。原來古人類學界仍有一些人相信各個現代人族群是在世界各地「就地演化」的。例如說「北京人是中國人的祖先，東亞大陸是中國人的原鄉」云云。

　　發現北京人的故事最近又由中國記者重說了一遍，說得時光在中國似乎完全凝凍住了。而且有點變形。（按：《尋找北京人》，遠流，2001。）

　　發現北京人的故事應該從國民政府頒布北伐令那時開始說起。民國 16 年 7 月蔣介石誓師北伐，10 月初破吳佩孚、11 月初大潰孫傳芳，為北伐軍規模最大的一役。在這個中原鼎沸、生靈塗炭的時刻，瑞典王儲夫婦翩然蒞臨北京（10 月 17 日）。北京學界還為他倆設了歡迎大會。會中首先由梁啟超 (1873～1929) 報告「中國考古學的過去與未來」，大軸由瑞典地質學家安特生 (Johan Gunnar Anderson, 1874～1960) 擔綱，宣布在北京附近的周口店發現了兩顆古人類牙齒，當場美國古生物學者葛利普 (Amadeus William Grabau, 1870～1946) 給他取了個渾名「北京人」。於是發現「北京人」成了國際事件。

　　「北京人」故事以這個不知今夕何夕的大會開場，再妙也不過了。更教人不能無感的是：第一個北京人頭骨在民國 18 年 11 月底露頭了，歡迎它的，是中原大戰——民國以來規模最大、死傷最慘重的內戰。這個當兒沒有人想起夏夫豪森的結論，蠻奇怪的。（根據他的看法，尼安德塔人是歐洲原住民，後來給白種人的祖先消滅了，是為「殺戮戰場」說。）

　　當年的古人類學權威，沒什麼人對於「北京人是中國人祖先」的說詞認真的，即使認真的，也因為北京人與白種人的祖先無關。其中的深意（種族歧視），不堪回首。不過就事論事，夏夫豪森研究尼安德塔人的結論，當年中國人想也未想，倒情有可原，隔了七十年仍不明白，就太遜了。

　　現代中國人與四十萬年前生活在華北的「北京人」，就算有血緣關係，也比不上現代人各族群之間的緊密親緣關係。而我們在世上的同胞，每天都得在死亡線上掙扎的，數以億計。中國記者在哪裡？

21. 向左看，向右看

人類是地球上唯一遍布全球的物種，最晚占居的大陸，就是美洲。歐洲人「發現」新大陸之後，立即面臨的問題就是：美洲土著的來歷。這個問題表面看來很單純，其實包藏禍心。

當時《聖經‧創世記》是公認的人類歷史，要是其中找不到美洲土著的來歷，那只有兩種解釋，一是《聖經》有誤，二是美洲土著不是亞當與夏娃的後代，換言之，他們不是人。

這兩個解釋無論哪一個都有嚴重後果。好在教宗保羅三世 (Pope Paul III, 1468～1549) 英明，在 1537 年（明嘉靖 16 年）發布諭令 (papal bull)，承認美洲土著是諾亞的後代，消弭了可能的爭議。美洲土著的來歷問題仍然存在，只是風貌變了，此後大家追究的，是他們的遷徙路線。

對這個問題有興趣的人不久就產生了共識：美洲土著是從西伯利亞東部，通過一座寬 200 公里的陸橋，越過今日的白令海峽，進入阿拉斯加的。在冰河時代，白令海峽陸橋雖說不是什麼陽關大道，移民儘夠了。剩下的問題就是：什麼時候？

那得從人類定居西伯利亞談起。人類能夠到西伯利亞定居，表示禦寒裝備與技術已經達到很高水準，因此是人類史的重要里程碑。最原始的禦寒技術就是生火，而明確的人類用火證據，大約是二十萬年前以石頭築成的火塘，其中還有燒焦的獸骨，發現於歐洲。我們還不知道人類什麼時候開始穿衣。最早的「衣服」可能以獸皮縫

製，而不是植物纖維織成的布。證明人類已發明「縫製」技術的鐵證，就是針了。歐洲直到舊石器時代晚期的遺址裡，才發現穿孔的石器與骨器。想來人類開始穿衣，最晚也是三、四萬年前的事。

　　人類掌握了生火技術，又有獸皮衣穿，到西伯利亞定居，就不是難以想像的事了。根據有限的考古證據，貝加爾湖附近大約兩萬五千年前就有人類定居。一萬八千年前，西伯利亞東部也有人生活。遷徙美洲這齣戲，就等著上演了。

　　過去北美洲公認最古老的考古文化，是「克拉維斯文化」〔在新墨西哥州克拉維斯 (Clovis) 首先發現〕，最早的遺址距今一萬三千六百年，於是在西伯利亞東部與阿拉斯加尋找更古老的遺址，就可以確定人類進入美洲的年代。

　　1964 年，俄國考古學家帝科夫 (Nikolai Dikov, 1925～1996) 在堪察加半島北緯 55 度的地方，發現一個冰河時代的遺址。他過世前，花了 25 年發掘、研究。以碳 14 定年法測定那個遺址的下文化層，結果是一萬六千八百年前。而在阿拉斯加，最早的考古遺址是一萬四千年前留下的。因此，這幾個遺址等於為人類進入美洲的年代開了一個明確的「時間窗口」。

　　不過，美洲學界一直有人放消息，說是發現了比「克拉維斯文化」還早的遺址，例如智利韋德山遺址 (Monte Verde)，它們的年代有的早到一萬五千年前，文化內容也不一樣。有人趁機大做文章，認為白令海峽不一定是人類第一次進入美洲的門戶，呼籲大家「向右看」──何妨考慮一下大西洋！

　　正巧 1997 年「肯納威克人」(Kennewick man) 在美國華盛頓州出土，為「大西洋說」提供了極具戲劇效果的證據。肯納威克人是一具相當完整的骨架，專家根據他的頭骨形態，一開始就覺得他像個典型的中年白人，但是採了一小片手骨以碳十四測定年代之後，他立即成了近年美國最轟動的人物，引起學術、法律、族群、歷史解釋等複雜爭議，至今餘波盪漾，未完全解決。❶

　　因為肯納威克人居然生活在九千年前！而所有的歷史教科書都寫道，1492 年哥倫布發現新大陸。換言之，白人直到五百多年前才登陸美洲的常識，讓他推翻了。最有意思的是，第一位將他鑑定為白人的專家，認為他的長相與《銀河飛龍》(Star Trek: The Next Generation) 的畢凱艦長很像 —— 英國光頭演員史都華 (Patrick Stewart)。消息傳出後，美國的白人基進團體立即發動「迎靈」。

　　不過，肯納威克人的面貌復原圖完成後，拿史都華的照片放在他右邊，固然是個教人驚訝的視覺經驗，拿十九世紀著名印第安人黑鷹酋長 (Chief Black Hawk) 的畫像放在他左邊，一樣也會覺得他們本是同根生。

　　可是主張美洲人源自亞洲的「左派人士」並沒有高興得太久。2000 年，美國學者與帝科夫遺孀到堪察加半島發掘帝科夫的遺址，並採取許多標本做年代測定。他們的報告 2003 年 7 月底發表，其中最重要的結論是：堪察加半島上的遺址，年代比阿拉斯加的還晚，大約是一萬三千年前留下的。

---

❶ 請參考 *Skull Wars*, by David H. Thomas, New York: Basic Books, 2000.

　　一般而言，白令海峽兩岸的遺址，以文化成分論，都不像「克拉維斯文化」的祖先型。因此「克拉維斯文化」的來源，根本無法化約成單純的年代學問題。而「肯納威克人」的教訓則是，先入為主的印象在單獨的證物上，最容易發酵。無奈行外的關心人士，最不耐煩的就是這類細節。

　　難怪「向左看，向右看」之類的口號最動人。

22. 寧有種乎？

許多人知道《物種原始論》是一本「改變歷史的書」，了解這個書名的人卻不多。「物種」(species) 是最基本的生物分類單位，也是演化的單位。每個物種都是一群生物，牠們不但源自共同祖先，在自然狀態中還能共同繁殖後代，大家熟悉的老虎、獅子、獵豹、瞪羚和我們人類都是物種。

但是現代生物分類系統中的其他類目，在物種以上的，都以一個中文字表達，例如幾個不同的物種組成「屬」，幾個屬組成「科」，以上還有「目」、「綱」、「門」、「界」。人類屬於動物界脊椎動物門哺乳綱靈長目人科人屬智人物種。

既然主要的分類學類目都是單名，有人就將「物種」簡化成「種」，求統一，也圖方便。問題是，「種」這個字在現代中文裡，意義太寬泛了，它可以泛指任何一群有共同特徵的東西，不管它是不是生物。此外，人種、種族也是我們習用的名詞。更麻煩的是，由於英文的 race 可以譯成人種、種族、亞種，因此更讓人不易以「種」這個字精確地表達意思。

例如人類大約在 800～600 萬年前與黑猩猩分化，人類學家已發現證據，人類的祖先在三百萬年前至一百萬年前，在非洲是非常興盛的動物群，就是說，同一地區往往有不同的「人類物種」生活。可是由於我們目前是地球上唯一的人類，因此很難想像「不同的人類」生活在同一個地區時，彼此如何對待。

這樣的敘述，國內的讀者、聽眾往往不易領會其中的「微言大

義」，因為在常識中，我們將黃種人（蒙古人種）、白人、黑人當作明確的「人種」。

　　事實上，在現代生物學中，race（人種、種族、亞種）不是正式的學術名詞，沒有嚴謹的定義。同一物種的生物，要是分布範圍很大，在不相鄰的地區中各自演化出獨有的特色，可是彼此仍然能夠交配，生下有生殖能力的後代，學者就可能將牠們分類成同一物種的亞種。學者覺得有必要這麼做的時候，通常會臨時下個定義，讀者留意，就不會誤解。現代智人的各個「人種」，就是這種意義的亞種。可是人種卻是個極為複雜的問題，甚至超越了生物學的範圍。人類學十八世紀中在歐洲興起，就是專門研究「人種」問題的。

　　說來西方文明發源於中東的兩河流域（今伊拉克境內），與地中海沿岸，正當歐亞非交接之地，土著自古就對「人種」並不陌生。但是西歐白種人在十五世紀起乘風破浪，「發現」了整個地球，他們印象最深刻的，除了殊方異域的奇花異草、珍禽怪獸，就屬人文風土了——各地的人，膚色、長相、體態、語言、風俗、文化、社會組織、物質生活水準都不一樣。

　　如何在這幅駁雜的人文景觀中理出頭緒？這時「自然史」的概念逐漸成形，解剖學家注意到人與猴、猿在形體上的相似程度，再加上對野生大猿以及「原始人」的見聞，於是一套以生物學為基礎的「人的科學」（人類學）就出現了。等到十九世紀演化論流行之後，甚至還有人主張不同的人種有不同的自然史——分別從不同的大猿演化出來。因此十九世紀的人類學可說就是人種科學：以科學研究（或證明）各人種不平等的學問。對某些人來說，這門學問適足以為「種族歧視」張目。

　　進入二十世紀後，由於一百多年來累積的人種研究資料，根本無法歸納出乾淨俐落的「人種」定義，人種科學就沒落了。人類學分裂成文化與體質兩個分支。文化人類學強調人類的特徵是人文創制的能力，人類生活在人文情境中，不受生物學因素擺布。體質人類學家則回歸整個「人類（物種）」，專注於現代智人的演化歷程。1856 年出土的尼安德塔人、1891~1892 年出土的爪哇人、1924 年的南猿、1929 年的北京人，似乎分別代表人類演化的主要階段，已夠學者忙的了。

　　二次世界大戰後，納粹屠殺猶太人的暴行，強化了西方學界對「人種科學＝種族歧視＝滅族屠殺」的印象，更沒有人願意認真討論人類歧異的生物學，怕給扣帽子。難怪 1975 年哈佛大學教授威爾森出版《社會生物學》，會學界大譁了。

　　其實，人類各社群不平等的現象，是個事實。傳統人類學想以生物學為基礎，解釋人文多樣性，結果失敗了。但是人類多樣性的現實，卻不因學界放棄傳統的人種科學而消失。不同族群的膚色、體貌不同，仍然沒有適當的說明。至於人文多樣性，人類學家甚至沒當做問題，《槍炮、病菌與鋼鐵：人類社會的命運》這樣有啟發性的書，居然是生理學／田野生物學兩棲學者戴蒙 (Jared Diamond, 1937~) 寫出來的。❶ 沒得說，人類學家該加油了。

---

❶ *Guns, Germs and Steel*, by Jared Diamond, 1997，中譯本由時報文化出版。

23. 人類最危險的神話

　　無論在政治上，還是在學術上，「人種」(human races) 都是個麻煩的問題。許多學者都從事過破除「人種」迷信的工作，但是，大概沒有人比孟塔古做得更多了。1942 年，他就出版了《人種──人類最危險的神話》，直到他過世前還修訂過（1997 年第 6 版），仍然是這個問題最權威的參考書。

　　我們現在知道，沒有任何證據顯示人類各族群間有「智力」差異，而在物質文化與其他人文創制面向上，族群之間的差異，只能以歷史、地理等條件解釋。因為有些人類社群，到了二十世紀才脫離石器時代，就能直接與西方文明「接軌」。使用石器的父母親，生下的子女長大後或搭飛機，跨洲接洽生意，或駕飛機載貨載人，都是教人動容的例子。

　　不過，膚色這個最明顯的人種標記，卻一直沒有合理的解釋。流行的觀點一直在膚色的「適應」價值上打轉。至少，以膚色而言，人類各族群的地理分布，的確與陽光有關。皮膚黑的族群，大多生活在赤道附近，那裡終年都有強烈的陽光直射，尤其是紫外光。黃種人主要分布在亞熱帶與溫帶之間，而白種人生活在溫帶到極區附近。似乎陽光越不強烈，人類土著的膚色就越淡。

　　而膚色為什麼與陽光強度有關？過去討論這個問題，主要以兩套資料為基礎。第一、無論是黃皮膚還是白皮膚的人，在太陽底下待久了，膚色都會變深。這表示深色膚色本來就是應付日晒的保護機制。第二、過度日晒會導致皮膚癌。學者推測，這是因為強烈紫

外光破壞了皮膚組織的 DNA 導致的。此外，科學家還發現紫外線會破壞人體內的葉酸，而葉酸是胎兒發育不可或缺的維生素。因此，生活在赤道地區的人，逐漸演化出黑皮膚，就很自然了。

另一方面，陽光中的紫外線，又涉及身體合成維生素 D 的機制。簡言之，皮膚要是缺乏陽光照射，身體就無法合成維生素 D。身體要是缺乏維生素 D，腸道就不易吸收鈣。身體一旦缺鈣，骨質就會出問題。總之，白皮膚在缺乏日照的高緯度地區演化出來，似乎理所當然，因為住在那裡的土著，必須儘可能地利用陽光。而且，膚色從黑轉淡，並不牽涉什麼複雜的機制——真皮層有黑色素細胞，會分泌黑色素，皮膚中的黑色素要是很多，膚色就是黑的；少一些，膚色就「黃」了；更稀少些，就是白皮膚。

這個解釋膚色由來的理論，乍聽之下非常合理。可惜有些事實它完全無法解釋。

就拿「白種人」來說吧。我們總是拿北歐人當「典型」的白種人。問題在：為什麼？人類長期定居北歐，似乎是很晚的事，因為北歐在冰河時代，大部分地區都有冰層覆蓋，不適合長期居住。最後一次冰期在一萬兩千年前結束，可是今天的北歐人，祖先似乎不是那裡的原住民，遺傳學家推測他們到達北歐，是最近幾千年的事。因此，今天的「典型」白人族群，其實是在其他地區演化出白皮膚的。

還有，在哥倫布到達美洲之前，美洲的原住民全是黃皮膚的「蒙古人種」。一萬八千年前，中國華北地區已有以「山頂洞人」為代表的人群生活，體質人類學家認為他們的形態，可以視為「原蒙古人」。其他證據顯示，蒙古人種進入新大陸，應在一萬五千年前左

右。然而，蒙古人種進入美洲，從北極圈跨越赤道，到達南美洲南端，各個氣候區都有人停留居住，一萬多年後，仍然不改黃皮膚的本色。

從化石證據來看，三十萬年前現代人已出現在非洲。我們這三十萬年的演化史，謎團之一就是：為什麼人類會成為遍布全球的物種？地球上沒有一個物種是全球分布的。而人類不同膚色的演化，只是這個波瀾壯闊的遷徙史詩的副產品。要是我們像黑猩猩一樣，繼續生活在非洲的森林裡，大概就不會出現膚色有別的族群了。

為什麼人類有這麼強烈的遷徙動機呢？

野生黑猩猩研究也許提供了一些線索。1970 年代初，東非岡貝的一個黑猩猩社群分裂成兩個，然後互相廝殺，珍古德研究站的學者目睹了全盤經過。世人這才明白，黑猩猩也會有意地闖入鄰近社群的地盤，進行無情鬥爭。要不是珍古德長期在當地蒐集資料，說不定我們永遠搞不清楚牠們火拼的真相。原來鬥爭的雙方曾經是在一起生活過的「自己人」。

人類行遍天下，在各地落戶，難道是為了逃避自己人的傾軋？那麼，膚色必然只是個歧視的藉口，因為十五萬年前，大家的膚色不可能不同，也就是說，當時還沒有「人種」。黑猩猩互相火拼，不用藉口，反而讓我們看清了真相。

24. 猩球大戰

2001 年 7 月 12 日出刊的英國權威科學學報《自然》(*Nature*)，又刊登了一篇新的古人類化石簡報。這是傳統，重要的古人類化石，簡報大多會在這份學報上發表。(我們總以為科學講究創新、突破現狀，其實維護傳統才是突出創新的不二法門。) 這個新化石最引人矚目的特點，是出土地層的年代：580～520 萬年前 (中新世末期)。

已知的古人類化石，超過四百萬年的極少，超過五百萬年的，這一次公布的是第二批。2000 年底公布的一批，是六百萬年前的。學者非常重視這兩批化石。因為自從 1970 年代起，許多證據顯示人與非洲大猿 (大猩猩、黑猩猩、巴諾布猿) 關係特別密切。尤其是人與黑猩猩，分明源自同一個祖先，在 800～600 萬年前才分家。偏偏這段「過渡期」找不到什麼古人類化石，因此我們對人類是怎麼演化出來的，只能縱情臆測。現在至少有兩批「過渡期」的古人類化石出土了，學者有得忙了。

或者說，有得吵了。

一點不錯。話說 2000 年由巴黎法蘭西學院的地質學家匹克福 (Martin Pickford, 1943～) 率領的一個研究隊伍，在肯亞西部找到了最古老的人類祖先化石。2000 年底，匹克福在肯亞首都奈洛比舉行記者招待會，宣布這個消息，正式簡報 2001 年 3 月初在巴黎發表，由巴黎自然史博物館的專家領銜。這個人類祖先正式的學名是「原人屬土根種」(*Orrorin tugenensis*)，記者為他取了個俗名「千禧年人」。(按，「土根」是化石出土的地點。) 根據法國專家的看法，他

是我們人類最早的祖先，大家熟悉的「露西」、南猿都不是。❶ 這當然會引起爭論。

　　理由不難了解。六百萬年前正是猿／人分家的最早階段，那時的人與猿差異必然非常小。我們憑什麼斷定誰是人？誰是猿呢？

　　直到二十世紀初期，許多學者都相信人類在自然中脫穎而出，憑的是大腦，而不是膂力。我們今天熟習的主要古人類化石，一開始很少學者認真看待，就因為他們的腦容量不夠大，例如南猿。後來學者覺悟到：人之所以為人，關鍵在兩足直立的行進模式，而不是大腦。例如生活在三百五十萬年前的「露西」（南猿屬阿法種），腦容量與今日的黑猩猩一樣大，可是已經能夠直立行進。人的大腦是後來才演化成今天的規模的。

　　總之，六百萬年前的「人類祖先」標本，有可能根本就是猿。更何況匹克福的標本殘缺不全，據以綜論人類六百萬年的演化史，委實躁進了些。

　　不過匹克福會引起爭論，似乎是理所當然的，不關他的化石。因為他正在肯亞控告肯亞 「古人類研究世家」 的理查·李基 (Richard Leakey, 1944～2022)。匹克福與理查都是在肯亞出生的英國人，他倆的鬥爭可以追溯到 1985 年，不過李基家族對肯亞古人類學研究的控制才是焦點。

　　說來東非的古人類學研究，是李基家族打拼幾十年的成果。老李基路易士 (L. S. B. Leakey, 1903～1972) 的父母是英國傳教士，他也在肯亞出生，牙牙學語時就土著語、英語一齊來，後來自稱「白膚

---

❶ 南猿是「人」，而不是「猿」。「南猿」是 *Australopithecus* 的直譯，當初學者認為他是人科中最古老的一個屬。現在學者已經發現更古老的屬。

非洲人」(*White African*，1937 年出版的自傳)。路易士劍橋大學畢業後，自 1920 年代末就開始在坦尚尼亞的奧都外 (Olduvai) 峽谷搜尋古人類化石。這在當年是非常不尋常的決定。因為根據當時流行的理論，人類演化的搖籃在亞洲。(當年紐約的美國自然史博物館派出中亞探險隊，到戈壁沙漠尋找人類祖先化石。1923 年，他們找到了恐龍蛋，轟動一時，他們的初衷就給世人忘了。)

　　李基在奧都外搜尋了 30 年，才找到令他一家成名的化石——「東非人」，那是 1959 年的 6 月。此後他們發現的古人類化石越來越多，使奧都外成為研究人類起源的聖地。由於李基家族長期在東非搜尋古人類化石，掌握了非常多重要的化石，想研究古人類學的學者都得與李基家族打交道。後來理查出掌肯亞國立博物館，更以法律規定：外國學者若想在肯亞境內發掘化石，必須與肯亞國立博物館合作。

　　這些年來，許多學者都抱怨過李基家族對於古人類化石的控制。要是得不到李基家族的信任，就沒有機會研究肯亞出土的重要化石，更別說成為李基家族邀請的第一手研究專家了。至於發掘，更要理查點頭。

　　匹克福與理查當年結怨，就是因為肯亞國立博物館指控匹克福偷取田野記錄，從此不許他進入博物館。三年前匹克福找到了新盟友，肯亞的法律也改了，就帶著法國的專家回到肯亞，搜尋古人類化石。2000 年 3 月他卻被捕了，理由是「非法發掘」，一星期後才釋放。事後匹克福提出證據，指出理查是幕後的黑手，向法院提出告訴。結局如何，難說得很。可是古人類學者大多不願接受媒體邀請，出面評論，卻在意料之中。

　　閱讀古人類學的歷史，很容易覺得只有個性強烈的人才適合研究這門學問。我想那是錯覺，真正的原因是：儘管哺乳動物的演化證據以人類最齊全，古人類化石在世上的分布並不平均，絕對數量也少，因此發願研究古人類學的人，比起其他學問，少得太多了。人少，就容易受歷史偶然因素的影響。

25. 同舟共濟

人類是地球上唯一遍布全球的物種。即使海闊從魚躍，天空任鳥飛，也從來沒有哪一種魚，或哪一種鳥遍布全球；想來詩人只是推己及人罷了。

以目前的考古資料來說，非洲的確是人類的演化搖籃，直到兩百萬年前，人類祖先仍然沒有走出過非洲。但是到了一百八十萬年前，人類祖先已經北達今日的喬治亞共和國，南至爪哇，預示了今日的人類地理特色。而與人類六百萬年前是一家的兩種黑猩猩，從來沒有離開過非洲的森林。

我們早已習慣緬懷先人「篳路藍縷，以啟山林」的艱辛，卻忘了人類今日從北極到南極的地理分布，其實是個有待解釋的事實。

站在一張世界地圖之前，人類在陸地上的分布，似乎是理所當然的。南非與東非是主要的人類演化舞臺，然後人類往北移動，從阿拉伯半島北方進入中東。他們到達中東之後，有三條路可走：往西進入地中海四周，往北進入北亞大草原，往東南進入印度次大陸。十萬年前，現代人的直接祖先在南非出現，四萬年前分別抵達澳洲、歐洲。現代人配備了先進的禦寒技術，可以長期居住在北歐與西伯利亞，這才有機會在凍原帶四處探險。一萬八千年前，蒙古人的祖先已生活在北京附近，一萬五千年前，蒙古人種穿過白令海峽，進入新大陸，成為美洲「原住民」。

但是太平洋上的「原住民」，卻讓人覺悟：看來理所當然的事，未必真的理所當然。太平洋占地球面積的三分之一，我們生活在東

亞島弧圈，實在很難想像紐西蘭、夏威夷、復活節島這三點構成的三角形，放進整個中國都填不滿。

在地圖上，從中南半島到澳洲的「旅程」，不難想像。可是從東南亞或澳洲深入太平洋，就難了。我們往往不假思索地將澳、紐兜成一家，卻不知從澳洲到紐西蘭，距離相當於從臺北到東京。何況從東亞島弧圈到達夏威夷、大溪地、復活節島？然而太平洋上適於人居的島嶼，早在歐洲人地理大發現之前就由南島語族占居了。

南島語族是個偉大的航海族群，他們占居太平洋上「許多島嶼」（「玻里尼西亞」原意）的歷史，以極為戲劇化的形式將人類地理分布的問題給逼了出來：人為什麼會那麼積極地尋找新的「生存空間」？

展開地圖，想想當年有志到大洋中謀出路的人必然要面對的問題。他們沒有地圖、沒有現代科學，甚至不知大地是個球體。他們不知道哪兒還有無人占居的陸地，因此，他們事前根本無法做理性的規劃。投身大洋的探險隊，是在向未知挑戰。歐洲人發現的太平洋諸島原住民，必然只是無數次挑戰行動的孑遺。這種向未知命運挑戰的衝動是哪裡來的？

我們只需要複習一下復活節島的地理參數，就知道這個問題從來沒有人認真追究過，反而是奇怪的事。

復活節島位於南半球，接近赤道，面積不到臺灣的兩百分之一，據說先前有個名字，意思是「天涯海角」，地球上大概沒有比它更孤絕的人類居所了。復活節島東距祕魯海岸 3,700 公里，西北距大溪地 4,000 公里。最近又有人住的島嶼，是西方的皮特肯島，在 2,200

公里之外，而它直到 1790 年才有人住。因此，復活節島上的第一批居民，必然歷盡了千辛萬苦，加上罕見的好運，才能倖存。

但是復活節島卻成了生態浩劫的範例。

考古學者利用碳十四定年法，判斷南島語族大約在鐵木真崛起大漠時到達復活節島，當時島上佈滿了巨大的棕櫚。可是不過五百年，島上的景觀就全變了，所有林木都砍伐一空，土壤流失，土地沖蝕。島上社群也分裂成敵對的交戰陣營。現在復活節島上著名的巨人人面石像，平均每個重達十幾公噸，其實是這個島已從世外桃源轉變成人間煉獄的象徵。雖然從雕刻工藝，以及搬運、豎立石像的工程來說，矗立在海邊的石像，仍然是島民血液中創造力與毅力的見證。

根據學者調查，復活節島上共有石像 887 個，成功地運到目的地豎立的，不到三分之一。製作、豎立石像的行動似乎是社會解組的徵兆，而大部份石像都沒有完工，是社會解組的後果。

看來投身怒海，尋求新天地，是少數南島語族對社會解組的反應。

只不過，復活節島上最後連造船的樹木都沒有了。

按：關於復活節島的歷史，最近有一些「修正派」學者提出新的看法，有興趣的讀者請參閱《人慈》第六章（臺北市：時報文化，2021）。

26. 以血肉築長城

「為情傷風，為愛感冒」這組創意廣告詞的作者，一定不知道流行性感冒的死亡率達千分之一。而 1918 年秋季開始肆虐全球的流感，死亡率高達 2.5%。據保守估計，那一場流感殺死了兩千萬人；剛結束的第一次世界大戰，戰死人數還不到一千萬。那一年，美國人的平均壽命，從 51 歲降到了 39 歲。

不過，那是已開發國家在二十世紀最後一次遭到「瘟災」。到了二十世紀末，絕大多數人都遺忘了那場流感浩劫。新的疫情出現時，傳媒最常使用的比喻反而是黑死病。例如 1980 年代開始蔓延的愛滋病，就給稱為「世紀黑死病」。

許多人說，不明的傳染病特別容易讓人感到恐慌，主要是因為「不確定感」。例如每天都有人因車禍死亡，而所謂來勢洶洶的 SARS，死亡病例並不多，大眾恐慌的卻是 SARS。話雖有理，媒體的報導往往只加深了大眾的惶惑，也是事實。前些年夏天，腸病毒也在媒體上沸沸揚揚過。這幾年來，腸病毒病例不見得減少，當年的集體恐慌卻消歇了。難道大眾對這種病放心了嗎？還是媒體疲於報導的結果？

其實，在二十世紀之前，傳染病在人類社會中橫行，是人生的一部分，甚至可能傾城傾國。人類的疾病生態在過去百年內發生了巨大變化，使我們的人生觀，以及對生命的想像，都完全改變了。我們比較習慣的死亡原因，反倒是意外，或者是癌症。傳統的浪漫愛情小說，女主角必須捧心唾血、泣訴衷腸才教人覺得淒美，後來改成車禍、癌症，甚至遺傳性癲狂，才製造得出同樣的效果。

　　對「瘟災」的文化想像，總是以黑死病為例，也表現出我們對傳染病的歷史後果，缺乏常識。例如羅馬帝國衰亡後，歐洲就再也沒有大一統的國家了，這是現代民族國家發展的伏筆，也是今日籌組歐洲聯盟的歷史線索。可是，削弱羅馬國力的，卻是軍隊自境外帶入的新奇傳染病。著名的「安東尼瘟疫」，就是在奧理略（Marcus Aurelius, AD 161－180 在位；東漢末年）任內爆發的，他本人也死於傳染病（按，奧理略就是電影《神鬼戰士》中那位衰老的羅馬皇帝）。據估計，羅馬軍隊在那一場瘟災中損失了十分之一，有些地方人口喪失三分之一到四分之一。專家推測，那是天花首度在地中海世界現身──由印度傳到中東，再隨羅馬軍隊進入歐洲。到了西元三世紀中，羅馬城爆發了另一場傳染病，高峰期每天死亡人數達到5,000。結果是，羅馬帝國腹地內的人口長期衰減，因而引發各種社會經濟問題，益發暴露了帝國統治機器的「寄生」本質。而虛弱的社會經濟體質，養不起也經不起寄生統治結構的折騰。

　　另一方面，西方人殖民全球的歷史，也凸顯了傳染病可以當作帝國擴張利器的事實。蒙古人種在一萬五千年前自白令海峽進入美洲，成了美洲的原住民。到哥倫布「發現美洲」時，他們已建立了兩個「帝國」──墨西哥的阿茲特克與南美洲的印加。可是「征服」美洲原住民的西班牙人，人數不但少，質也不怎麼樣，只是歐洲社會的邊緣人罷了，憑什麼傾人城、傾人國呢？

　　傳染病。而且是多半源自家畜的傳染病，例如感冒病毒來自豬、家禽，天花來自牛，痲疹也來自牛等等。美洲原住民沒有馴養過家畜，沒有機會培養出自家的病媒。而在現代醫學出現之前，人類應付新奇的傳染病，全憑血肉築長城；沒死的人才有機會生兒育女。

　　承平時，遭傳染病侵襲的社群，只要一息尚存，就有機會休養生息。社群的免疫力是這麼來的。要是敵國外患施放傳染病媒的話，就在劫難逃了。若不是傳染病媒大量消滅了美洲原住民，白人大概不會那麼容易在美洲立足的。

　　並不是所有傳染病都會造成大眾的恐慌。十九世紀的新興傳染病霍亂，是英國殖民者將霍亂弧菌從印度解放出來，才流布世界。霍亂造成的死亡人數，比起歐洲流行過的黑死病，少得多了，可是霍亂疫情對人心的衝擊，卻大得多，主因是：從病發到死亡的時間很短，往往只有一天，而且由於患者嚴重脫水，面容死灰，「死相」難看。相對來說，癆病患者面泛桃花，反而教人心生遐思，而不是退避三舍。

　　傳染病的文化想像，竟然與疾病本身乖離至此。

27. 前浪死在沙灘上

　　200 年前，法國南部的森林中傳出捕獲「野孩子」的消息。他就像傳說中的「狼童」，身上一絲不掛、不會說話、行為粗野不馴，當然，他的身世、年齡俱不詳，活脫脫一個「高貴的野蠻人」。這個消息立即轟動了巴黎上流社會，於是他給送入巴黎的聾啞學校，由年輕的醫師伊達 (Itard, 1775～1838) 負責照顧、「教化」。伊達為他取名「維多」。

　　伊達原先是軍醫，後來在巴黎聾啞學校鑽研聽覺與聽障，最後成為兒童啟智教育的先驅，他的研究與報導後來影響了在國內大名鼎鼎的蒙特梭利。

　　據醫師的診斷維多大約 11 歲。伊達與維多相處了 5 年，竭盡全力將他裝扮成文明人，可是功虧一簣──維多始終學不會說話。他只關心食物與「自由」──可不是革命口號（自由、平等、博愛）中的「自由」，而是為所欲為的自由。最後伊達放棄了維多。

　　維多的故事值得討論的面向頗多。例如維多在仔細照料下仍然學不會說話，顯示他已過了發展語言能力的關鍵期 (critical period)，也就是說他實際的年齡可能不只 11 歲。但是語言關鍵期的意義是什麼？無法學會說話的後果嚴重得很，以維多的例子來看，他也學不會文明的禮儀、規範，不懂「做人的道理」。這麼重要的功能為什麼人長大了反而學不會？其次，語言關鍵期的事實似乎是特定社會生活模式的產物，人類什麼時候開始生活在互動緊密的社會群體中的？

　　不過，要是維多果真學會了說話，伊達與維多就不會決裂了嗎？

　　為了回答這個問題，勞拉‧布里吉曼 (Laura Bridgman, 1829～1889) 的故事頗值玩味。最近出版了兩本書，以兩個不同的角度，讓她再度浮上世人心頭。❶

　　維多在 1828 年初去世，第二年年底勞拉在美國東北部出生，她的父親務農，家境小康。勞拉才過了一歲半，家鄉就流行起猩紅熱，不僅奪走了她兩個姊姊，還讓她在床上躺了兩年，視覺、聽覺喪失了，嗅覺、味覺也幾乎全毀。勞拉是在 1837 年成為「歷史人物」的，那一年她的父親帶她到波士頓的盲人重建院。(第二年伊達在巴黎去世。)

　　這家盲人重建院的院長是薩繆‧侯維 (Samuel G. Howe, 1801～1876)，波士頓人，布朗大學畢業生，哈佛大學醫學院畢業，到希臘參加過反抗土耳其人統治的游擊隊。勞拉出生不久之後，他回到波士頓，正值美國文學史上的「新英格蘭文藝復興」，文化界瀰漫著一股浪漫精神，文人菁英深信人性本善；教育是啟蒙的重要手段；只要刮垢磨光，人人可以為善。這與早期新教徒的信念不同；五月花號的移民本著喀爾文教義，堅信神寵早已註定，此世只是永生的橋樑，對生活中的磨難只求堅忍熬過。

　　侯維創立了美國第一家盲人重建院，以教育、體育、職訓為盲人開創新的生涯。不久英國的婦運分子海莉耶 (Harriet Martineau,

---

❶ *The Imprisoned Guest: Samuel Howe and Laura Bridgman, the Original Deaf-Blind Girl*, by Elisabeth Gitter, New York: Farrar Straus & Giroux, 2001.
The Education of Laura Bridgman: First Deaf and Blind Person to Learn Language, by Ernest Freeberg, Cambridge: Harvard University Press, 2001.

1802～1876；差點做了達爾文的嫂嫂）建議他進行史無前例的「重建」教育實驗：針對盲聾人士。就在這個時候，鬼使神差地勞拉出現了。侯維立刻掌握了這個機會，以小女孩的血肉之軀發動了一場抽象的「哲學／神學戰爭」。

根據洛克 (John Locke, 1632～1704) 的經驗論，人的心靈生來是一張白紙，任憑感官傳送的資訊塗寫。勞拉呢？僅餘的觸覺足以滋養完整的心靈嗎？也許藝術家的睿見值得參考：對於大家讚嘆的雕像，米開朗基羅認為藝術家的本領不過是將藏在大理石中的「石像」解放了而已。勞拉的心沒有讓感官汙染，也許更能揭露內蘊的本質：求知若渴、敬仰上帝？

在侯維的苦心教導下，勞拉終於學會以字母符號「說話」，甚至還會耍頗有創意的文字花樣。於是勞拉成為殘障教育成果的典範、各界矚目的焦點，狄更斯都跨海來訪問，返英後的報導廣為人知 (1824)，連達爾文都在著作中提到過她。

可是侯維最後卻對勞拉失去了興趣：勞拉也許是殘障教育的典範，卻是個失敗的實驗。勞拉逐漸長大，由女孩、少女而成人，不再像個清純的天使。勞拉的個性逐漸顯現，在侯維眼裡，成了好鬥、喜怒無常、粗野的凡人。她永遠學不會數字、計算之類的抽象觀念，從來沒有發抒過什麼深刻的思緒。至於宗教情操，勞拉最後加入了侯維鄙視的那種教派——以《聖經》字句的表面意義為教義準繩。

侯維一直照顧勞拉，可是卻維持疏遠的關係。侯維過世後，勞拉繼續活了 13 年，59 歲撒手人間，世人早就遺忘了她。

或者說，世人找到了一位新的天使——海倫·凱勒。不過，那是另一個故事了。

28. 熱淚心聲

海倫‧凱勒的名字我們大概從小就聽說過,一身集視、聽、啞三重殘障,還有什麼人更能彰顯殘而不廢的精神與成就?至於她是什麼樣的人,1962 年出品的電影《熱淚心聲》(*The Miracle Worker*)已經沒有人有印象了,陶樂西‧賀曼 (Dorothy Herrmann) 在她逝世三十週年出版的一部傳記,國內圖書館遍尋不獲,可見她這個人我們並不在意。我們記得的,是偶像海倫‧凱勒,而不是她的人。世人需要偶像。有人說過:上帝實在太重要了,即使不存在,也必須發明。一針見血。

海倫‧凱勒出生於美國南方 (阿拉巴馬州),19 個月大的時候得了「腦熱」,到鬼門關前走了一遭,醒來後眼睛與耳朵就不管用了。專家至今仍在猜測她當年得的是什麼病,猩紅熱或腦膜炎都有可能。但是像她這樣的殘障,著實少見,以二十世紀而言,可考者不過 50 來人。

可是海倫的幸運更希罕。以事後之明,她的命運冥冥中似乎早已註定。

我們談過法國巴黎的伊達與維多、美國波士頓的侯維與勞拉,他們都為教育海倫這樣的人鋪了路。將海倫從黑暗的深淵中拯救出來的安妮‧蘇利文,就是從侯維創辦的學校畢業的,在學校裡她與晚年的勞拉是好朋友。

說來安妮也是命運坎坷的人。她的父母親因為愛爾蘭發生大飢荒而移民美國,貧苦又不識字。安妮 5 歲時得了砂眼,在當年那可

是瞎眼的主因。安妮眼雖沒瞎，視力卻嚴重受損。她 8 歲時，母親死於肺結核，得年 28。不久她父親棄家出走，從此音信全無，最後她與弟弟給送到收容院。幾個月後弟弟就死了。安妮在收容所與各色社會「渣滓」一起生活了 4 年，朋友中不少是妓女的女兒。她們見多識廣，有人告訴安妮盲人學校這回事。安妮把握了上級考察巡視的機會，挺身上前高呼她想上學。於是她就給送入侯維在波士頓創立的盲人重建院。時為 1880 年 10 月，安妮 14 歲，海倫才 3 個月大。

海倫病癒後日漸長大，成了家裡的「恐怖分子」。她看不著、聽不見，當然不會說話，只是隨性發威。沒人了解她是怎麼回事，說不準自己也不明白。她的家境小康，父母帶她遍訪眼科醫師，都說沒救。可是她的母親讀過狄更斯對勞拉的報導，一直不放棄希望。最後有人介紹他們去見貝爾——就是發明電話的貝爾（1876 年得到美國專利權）。

貝爾祖籍蘇格蘭，「說話矯正」是家學。他的母親 10 歲起逐漸失聰，父親在愛丁堡大學教說話術，後來發明了「說話符號」(visible speech)，那些符號象徵的是發聲器官的狀態，每個都指涉特定語音。他學得了父親的本事，後來從英國到加拿大，再到美國，成為以「說話符號」訓練聾人的專家。貝爾因此而遇見他未來的妻子梅波 (Mabel)。梅波 5 歲因為猩紅熱而失聰，父親是波士頓的專利權律師，為了女兒的聽障，與侯維一起創辦了一所聾啞學校。貝爾為她個別授課而墜入情網。經過貝爾的悉心調教，梅波讀唇語的本領非常高超，一般人難以察覺她有聽障。

貝爾建議凱勒夫婦寫信給侯維的盲人重建院，請他們介紹一位

老師到凱勒家裡教導海倫。這一年安妮 20 歲，剛好畢業了。

　　1887 年 3 月，安妮走進海倫的世界。一個月後，海倫就像大夢初醒，突然領悟安妮用手指在她掌中寫的「字」，於是進入了「人文」世界，開始學習做「人」。安妮的成就、海倫的表現立刻成為波士頓盲人重建院的炒作題材，轟動一時。從此安妮與海倫就成為名人了。

　　不過安妮與海倫彼此依賴的關係，也為她倆各自的人生設下了限制。安妮是個懂得風情的女子，與一些人的關係似乎夾纏著情色成分。1904 年海倫從雷德克里夫學院（女校，現在併入哈佛大學）畢業，第二年安妮就與 28 歲的哈佛英文講師梅西 (John Macy) 結婚。可是這段婚姻維持不到 8 年。（後來梅西的情人，是一位聾啞的藝術家。）

　　至於海倫，她在人文世界中的成就是為人？還是為己？陶樂西這部海倫‧凱勒新傳揭露了海倫曾經動念結婚，甚至私奔的往事，讀來令人鼻酸。

　　原來海倫 36 歲那一年，安妮得了肺結核、梅西心臟病猝死，她在抑鬱、孤獨中與助理彼得 (Peter Fagan) 陷入了熱戀。從海倫的敘述看來，她享受過愛的滋潤以及心的慰藉。

　　　那段短暫愛情，在我生命中，像是小小的歡愉之島，給廣
　　　袤的黑水圍繞著。

　　八卦消息見報後，她的母親怒不可遏，不許她縱容自己，並警告她絕對不許告訴安妮，免得安妮受不了。事後 (1929) 海倫這麼寫道：

母親那麼傷心，我一想起就痛苦莫名。……

我無法解釋我的行為。現在回想起來，實在迷惘得很。當
時我的行止，似乎根本違反我的本性。

是嗎？一個女人期望與深愛的男人過自己的生活是違反本性嗎？
　也許海倫有不得已的苦衷，她的生活得依賴旁人協助。順服旁
人的期望是她維持生活的祕訣。海倫‧凱勒不是娜拉❶，不是因為
本性，而是因為她的生活方式。

---

❶ 參閱魯迅〈娜拉走後怎樣〉(1926)。

29. 物理不外人情

2003 年是發現 DNA 分子結構的五十週年。

當年，科學界對於 DNA 是不是遺傳物質都還在爭論，哪裡知道，DNA 分子結構揭曉之後，生物遺傳的基本原理就大白於世，分子遺傳學因而誕生，改寫了近幾十年生物學與生物醫學的發展。DNA 甚至重新塑造了人類自古以來的夢想。

二十世紀末最大規模的科學研究計畫，「人類基因組定序」(HGP)，就是發展 DNA 科學的結果。生物的基因組，成了現代「魔法石」，或者，阿拉丁神燈。據說，只要參透基因組定序的結果，就等於摩擦神燈的蓋子，可以釋出擁有巨大法力的巨人，供我們役使，消除人間病痛，使我們青春永駐、長生不老，從此過著美滿幸福的生活。

一個分子的結構，會產生那麼大的魔力，科學史上沒有先例。十九世紀末，居禮夫婦開拓的「放射能」研究，倒是差堪比擬。

居禮夫人在研究「放射性」的過程中，發現了鐳（原子序 88），並以鐳作為博士論文的題目（1903 年通過）。居禮夫婦指出放射性元素的放射能，是人類前所未知的新能源，他們立即想到的用途，就是治療惡性腫瘤（癌）。一個世紀之後，放射線已是治療癌症的標準手段，只不過，適合以放射線治療的癌症並不多。世人對放射性研究的後果，印象最深刻的，反而是廣島、長崎「原爆」釋放的核能。即使「和平」的核能，在許多人心中，引發的恐懼仍大於感激。

　　原子彈問世是科學史的轉捩點，它警醒了世人，科學儘管是理性的活動，科學發展未必理性。

　　1914 年夏，第一次世界大戰爆發。這一年年初，英國作家威爾斯 (II. G. Wells, 1866～1946) 就以小說預言：未來爆發的世界大戰，會發生原子彈毀滅大城市的情事。用不著說，這個預言是在戰爭的陰影中成形的。可是，直到 1939 年年初，歐洲又是戰雲密布，諾貝爾獎級的科學家仍能以理性論證，指出釋放核能所需的鏈鎖反應，技術上幾乎不可能。

　　但是歷史發展可不管理性論證，似乎總能化不可能為可能。1940 年初，科學家掌握了製造原子彈的科學數據，這時科學家才面臨「不能」與「不為」的問題。要是「不能」，就沒有值得討論的責任、倫理議題了；有能力的人，才會受「道德選擇」的折磨。然而，在戰爭情境中，科學家即使道通天地，也只能任詭譎風雲擺布。面對不理性的敵人，理性有什麼用？

　　二次大戰結束後，參與研發原子彈的科學家，對於廣島、長崎的浩劫，有幾種不同的反應。有人因而投身反核行列，大談科學家的人道責任；有人預見東西對抗的新態勢，全力推動戰略核武研發；有人緊抱科學中性論做護身符，繼續從事核能研究。其中以德國的海森堡（Werner Karl Heisenberg, 1901～1976；1932 年諾貝爾物理獎得主）最值得注意。

　　金髮的海森堡是「亞利安人」，卻因為擁抱「猶太科學」（量子論）而受國人批判，但是他在戰時堅持留在國內，為國服務。以他的學術地位，軍方徵召他負責研發核能的軍事用途，再自然不過了。根據海森堡戰後的說詞，他在戰時根本無意發展核武，他以各種技

術困難為理由，化解軍方對核武的期待，而他真正從事的，是研發供發電用的核能反應器。他甚至想說服盟國的物理學家，一齊拒絕研發核武。

　　1941 年 9 月，海森堡到德軍占領的哥本哈根，與亦師亦友的量子論泰斗波耳（Niels Bohr, 1885～1962；1922 年諾貝爾物理獎得主）會談。結果兩人不歡而散。要是我們相信海森堡的說詞，波耳顯然不可「理」喻，聽不進他的建議。而波耳對當時會談的印象，就不是那麼回事了。他回憶道，海森堡先是大言德國必勝，因此妄想戰爭會有不同結果而不與德國合作，簡直愚不可及。海森堡又說，他正在主持研發核武。這提醒了波耳：他們兩人分別處於敵對的陣營。可是，海森堡在回憶錄中寫道：這時，

> 波耳非常驚駭，根本沒有聽進我的話裡最重要的部分，那就是，有極為巨大的技術困難尚待克服。我認為這一點極為重要，因為物理學家因此可能有機會掌握製造原子彈的決定權。❶

　　海森堡這麼一位科學巨匠，竟這樣一廂情願，反而讓我們憂慮起來：科學這行當，可以任由科學家獨行其是嗎？

　　美國的人類基因組計畫，預算三十億美金，預定十五年完成。這是在承平時期作成的決定；表面看來，它不涉及研發原子彈的「道

---

❶ 其實，海森堡在戰時弄錯了原子彈的「臨界質量」，才認為製造原子彈「有極為巨大的技術困難尚待克服」，見 Logan, J. 1996. The critical mass. *American Scientist* 84(3), 263–277.

德選擇」問題。事實上，一開始就有諾貝爾獎級的學者反對花費這麼龐大的資源，從事單一研究計畫。此外，提倡人類基因組計畫的學者，以治病、防病作為主要訴求，也有誤導民眾、扭曲醫療資源的嫌疑。生活在工業化國家的人民，面臨的健康問題，與生活方式、生活環境的關係密不可分，DNA 不大可能是禍首。何況，許多問題是生活品質提升的後果——例如，要不是平均壽命延長了，哪來的老化問題？

今年是發現 DNA 分子結構的五十週年。回顧分子遺傳學這半個世紀的成就，我們更需要的，是通識。

30. 優雅的雙螺旋

1953 年 2 月 28 日星期六上午，華生一人在英國劍橋大學卡文迪西實驗室工作，以小分子模型摸索著組裝 DNA。40 分鐘後，克里克進來了。華生興奮地告訴他，他已完成一個可信的模型，可以解釋有關 DNA 分子的所有事實。一點不錯，那個雙螺旋造型的 DNA 分子，優雅、簡單，又承先啟後，從此遺傳學進入了新的境界。他們公布這個模型的第一篇論文，4 月 25 日發表在英國的《自然》週刊上。因此 2003 年 2 月與 4 月都有紀念這個偉大發現五十週年的活動。

但是，當年這個成就並沒有立即引起社會大眾的注意。

英國的主要媒體，直到 5 月 15 日才聽說華生─克里克模型。因為那天卡文迪西實驗室主任勞倫斯爵士 （Sir Lawrence Bragg, 1890～1971；1915 年與父親一起獲得諾貝爾物理獎） 到倫敦演講這個重要發現。可是第二天倫敦只有一家報紙披露。美國《紐約時報》，5 月 16 日本來預定刊登由倫敦傳來的新聞稿，後來抽掉了，直到 6 月 13 日，才刊出另一則倫敦發出的消息。而一個星期前，計量生物學年度大會在紐約長島冷泉港實驗室舉行，華生出席報告 DNA 分子結構，時報記者卻沒注意。

即使《紐約時報》這篇報導，也有一些錯誤，例如記者說華生先前是芝加哥大學的研究生，而且念過加州理工學院。事實上，華生先從芝加哥大學畢業，在印第安那大學取得遺傳學博士學位。而且，克里克雖然比華生年長 12 歲，當時卻還沒得到博士學位。時報

記者倒是以電話訪問了加州理工學院的鮑林 （Linus Pauling, 1901～1994；1954 年諾貝爾化學獎得主；1962 年諾貝爾和平獎得主）。鮑林雖然認為華生－克里克模型「看來很棒」，仍然語帶保留，不認為「遺傳學的分子基礎」終於真相大白。

然後，這一年內，媒體再也沒有關於 DNA 的報導了。

現在《紐約時報》的科學記者回顧這段歷史，特別指出，二十世紀的重大科學突破中，新聞媒體沒有即時報導的，不只 DNA。1905 年愛因斯坦發表狹義相對論，以及質能互變公式，都沒有引起媒體注意。

其實，愛因斯坦「暴得大名」，還是媒體大幅渲染的結果。

話說愛因斯坦在 1916 年發表完整的廣義相對論。這時第一次世界大戰已經爆發，不但資訊不易在科學界流通，世人也無福消受玄之又玄的時空性質理論。

不過，還是有少數科學家讀到了愛因斯坦的理論。根據廣義相對論，重力場會使空間「彎曲」，穿越這個空間的光線會因而「偏折」。因此可以預測：日全蝕發生的時候，太陽周遭的星星，位置會與太陽不在的時候稍有不同。大戰一結束，第二年 (1919) 英國的科學家就以 5 月 29 日的日全蝕，驗證愛因斯坦的理論。11 月 6 日，英國皇家學會與皇家天文學會舉行聯合會，宣布觀測結果，與理論預測值吻合。大會主席的結論是：

> 這是自牛頓以來，與重力理論有關的科學發現中，最重要的一個。要是愛因斯坦的理論站得住腳，就是人類思想的最高成就。這個理論的弱點是，要把它說清楚，實在太難了。

　　《倫敦時報》第二天刊出了這個新聞，以橫欄標題宣布「科學革命——推翻牛頓的觀念——空間『會彎曲』」。9 日與 11 日，《紐約時報》跟進，然後世界各地的報紙都報導了這個消息。愛因斯坦就這樣成了家喻戶曉的名字。

　　反觀當年的生物學界，對華生－克里克模型的反應，一點都不熱烈。1953 年《自然》共刊出 20 篇討論 DNA 的論文，其中只有 7 篇提到 DNA 的雙螺旋結構。華生－克里克的雙螺旋模型，不但符合以 X 光繞射技術取得的 DNA 構造資料，還透露了必要的線索，讓人想像生物遺傳資訊的儲存與複製機制，同時，也能說明生物演化所需要的突變可能是怎樣產生的。然而，生物學家似乎硬是沒有立即看出：遺傳學終於有了堅實的分子基礎。

　　關鍵大概是，華生－克里克雙螺旋模型的妙處，除了解釋已知事實外，只能以直覺領會。受到這模型吸引的一小撮人，必須繼續努力，證明它能指引未來的研究，並得到有價值的成果。1962 年，華生與克里克得到諾貝爾生醫獎，象徵雙螺旋模型的地位完全確立。

　　生物學家大概永遠無法夢想，觀測日蝕就能對革命性的理論做「決斷測驗」。

31. 科學家的自述

1953 年 2 月解開 DNA 分子構造之謎的華生與克里克，都寫過回憶錄。華生的《雙螺旋》❶ 先出版，那時他們已經得到諾貝爾獎了 (1962)。

可是《雙螺旋》未出版先轟動，因為他故事裡的當事人多出面抗議。終於出版了之後更轟動，當時暢銷、以後長銷，在美國，每年進入大專院校的新鮮人是新生的讀者群。因為這書似乎滿足了學院各方人馬的需求。

有些人認為對準科學家而言，這書的最大教訓就是學無定法。華生能解開 DNA 構造之謎，「太幸運了」。首先，他是個不懂化學的生物學家。他在大學部就設法逃避「任何看似困難的物理或化學課」，到了研究所他因為連最基本的實驗技巧都不懂，老師怕他闖禍，當然就免了他的化學必修課。此外，他更不懂當年最先進的 X 光晶體學，而那是透視 DNA 分子構造的關鍵利器。他成功的祕訣在：選定了正確的題目，並在適當的時機掌握了適當的知識。

可是科學的外行人卻認為《雙螺旋》透露了「科學界的實況」。他們認為科學不應定義為有系統、有組織的知識，而應以科學家的活動為核心。可是科學家並不在真空中工作。學科的界限、學科的核心問題、答案的範例是科學家社群決定的。此外，人際關係的分寸、同行間的禮儀、對同行成就的認可，也都有一套不成文的「社約」。

在《雙螺旋》中，華生似乎是個非常懂得利用別人頭腦的人。

---

❶ *The Double Helix*, New York: Antheneum, 1968.

（子入太廟每事問？）甚至有人指控他：他連關於 DNA 分子構造最關鍵的線索都是「抄來的」。因此科學絕非蛋頭事業。《雙螺旋》出版之前，「科學」的面貌從來沒有那麼豐富的人性。

不過，科學與其他的人文活動到底不同。科學活動的終極目標是創造新知。只要能解答科學社群關心的問題，而且答案經得起考驗，對科學家「人」的面貌關心的人倒不多。即使一心以揭露科學界「真面目」為職志的學者，也不能否認他們那麼重視《雙螺旋》這本書，主要因為「揭露 DNA 分子構造」是諾貝爾獎級的成就。不然，克里克的回憶錄為什麼注意的人那麼少？

克里克的回憶錄《瘋狂的追逐》❷ 在《雙螺旋》問世後二十年才出版。其中對與華生的遇合著墨不多，倒是對後來的發展（分子遺傳學）敘述比較詳盡。但是 DNA 的分子構造既然已經大白於天下，群雄競起的局面必不可免，讀這書就沒有《雙螺旋》過癮了。

《雙螺旋》描述的科學探案，只有極少數人在苦思、辯論，甚至鉤心鬥角。所有的主角都是學院裡的蛋頭。可謎底揭曉了後，全新的研究領域、科學視野就自然又突然地展現了。幾個蛋頭居然能創造歷史？那是令讀者驚豔的經驗。

華生後來以教科書與行政能力為現代分子生物學開拓了天地，但是談不上個人的科學成就。他後來鼓吹人類基因組計畫，並領導初期的規劃與執行，再一次成為世人矚目的科學大師。可是華生剛出版的新書《基因、女孩、華生：雙螺旋二部曲》❸ 卻受到譏評，

---

❷ *What Mad Pursuit: A Personal View of Scientific Discovery*, New York: Basic Books, 1988.

因為其中沒有令人驚豔的科學。這再度凸顯了科學的特質——創造新知。

　　重要科學家的自傳性文字一直受到各界矚目，還有一個原因：大家都想知道 「創意」 的祕密 。 達爾文的 《小獵犬號航海記》(1839) 就是一個例子。

　　1859 年，達爾文出版《物種原始論》，公開他的演化論，史稱「達爾文革命」。 論這段歷史 ， 非從他的小獵犬號之旅 (1831～1836) 談起不可。 這 5 年的環球航行，不但改變了達爾文的一生，也改變了歷史。這本他現身說法的遊記，一直是科學史家注意的焦點，因為大家都相信科學的起點是經驗，田野調查、實驗都是科學的經驗基礎。所以我們想當然爾地認定達爾文在天涯海角的見聞是滋養他創意的靈感。

　　問題在於：十九世紀是大英帝國盛世，英國海軍早有自然學者隨船的慣例，而達爾文上船之前「物種原始」已是學界公認的「謎中之謎」，為什麼發明演化論的是他呢？

　　其實，達爾文離鄉背井將近五年，最大的收獲是在返鄉前夕興起了問題意識。大洋異域的見聞最多滋養了問題意識。那個問題意識源自閱讀當代大師的細心論證。

　　達爾文返回英倫後，為了解答問題，窮二十年系統地收集、過濾資訊，致力研究。沒有明確問題意識指引的田野活動，只能是流水帳。《小獵犬號航海記》當年出版後銷路不惡，只因為它是一本好看的流水帳。

---

❸ *Genes, Girls, and Gamow: After the Double Helix*, New York: Alfred A. Knopf, 2002.

32. 科學界的社會責任

2001 年 2 月號《科技報導》中，臺大物理系教授高涌泉發表的〈為什麼要做研究？〉值得我們特別留意。倒不是高教授發表了什麼石破天驚的高論，而是科學界向政府伸手，一向理直氣壯，沒有聽說過反躬自省的。即使近來學術界以「提升水準」為名的評鑑，也只方便地打出所謂「國際水準」牌，輕易地放過了更基本的問題。其實「為什麼要做研究？」是西方現代科學史的根本問題，無關學術人的「志向」，涉及的是學術界的社會責任。

話說法國在十六世紀籌設國家科學院，倡議之初最大的爭論就圍繞著科學院的任務：學究主張「為人類謀福利」，政客著眼於「國家利益」。在當年這並不是個孤立的問題，現代科學的發展，一直有兩條路線的鬥爭。尋繹其脈絡，文藝復興以降的「人本主義」傳統是「經」，而歐洲國族主義是「緯」。

即使以公費支持科學研究，在西方也不是歷史通例，例如英國就自成一格，科學家得自立自強、自求多福，先天憑老爸（家產），後天靠老婆（嫁妝），而政府袖手旁觀、被動因應，直到兩次世界大戰。法國與德國雖然由國家出資成立科學院，任務往往必須透過辯論才成形。

就拿最近在國內鬧得似乎有那麼回事的「人類基因組計畫」來說吧，讓我們看看美國是怎麼做的。

1980 年代中，美國開始有人主張將人類染色體的 DNA 全部定序，在美國學界引發了大辯論，正反雙方都有諾貝爾生醫獎得主領

衛。美國國會「技術評估辦公室」(OTA) 受參眾兩院相關委員會的託付，1988 年底公布了一份完整的報告 *Mapping Our Genes*（《基因定位：人類基因組計畫的規模與時程》，由約翰霍普金斯大學出版社印行）。

這份報告正文 8 章 175 頁、附錄 25 頁、索引 12 頁；黑白插圖、照片、表格，與徵引書目俱全。它的〈前言〉一開始就說：

> 過去兩年，生物學與醫學界發生了一場大辯論，主題是人類染色體上的基因──它們的功能與順序──以及人類染色體 DNA 的鹼基順序，相關期刊大量刊登了各方意見，幾乎將主題的每個面向都討論到了。1987 年，這些論題已登入公共議程。這場辯論涉及科學、技術與政治。國會負責決定規則，規範各個聯邦機構的行事以及經費。本報告綜述這場辯論中迄今已浮現的論點，對直接影響國會面對的政策選項的，會特別著墨。

由於這份報告是為公共政策的討論做準備的，它全面回顧了分子遺傳學基本概念、技術與成就，並對未來發展的候選目標做了展望，內容詳細，文字淺顯。舉個例子好了，什麼是「基因組」❶？本書第二章第一節「遺傳資訊的組織與功能」：

---

❶ genome，大陸譯名「基因體」。

「基因」是遺傳最基本的物質與功能單位。「遺傳學」研究的是特定生物特徵的遺傳模式。攜帶遺傳資訊的化學分子是「去氧核糖核酸 (DNA)」。多細胞動物──昆蟲、動物與人類等──的 DNA 與蛋白質結合，形成緊密的物質，在顯微鏡下才觀察得到，叫做「染色體」。動物的精子與卵子、植物的花粉細胞，都有一組染色體，其中染色體的數目，叫做「單套數」。所有身體細胞（「體細胞」）都有兩組染色體，一組來自父親，另一組來自母親；兩組染色體加起來，叫做「雙套數」。「基因組」的定義是：（一種生物）整組染色體全部遺傳物質的集合。

這一節裡有一張表，估計了幾種生物單套染色體全部 DNA 的鹼基對數量：果蠅 1 億 5,500 萬、人類 28 億、實驗室小白鼠 30 億、百合花 900 億……云云。

目前人類基因組計畫已完成，可是國內大眾傳媒的報導，還不到《基因定位》的水準，連基因組、定序這些基本概念都弄不清楚，只能以「遺傳密碼」、「基因圖譜」等詞含糊搪塞。政府說要發展「基因體研究」，可是沒有任何說帖或相關文件納稅人可以參考，立法院也沒有類似美國國會 OTA 的單位，試問到時候政策辯論、實務監督如何進行？

　　1988 年，《基因定位》正在定稿階段，美國國家科學院出版了《人類基因組的基因定位與定序》❷　，適時表現出美國科學界對社會責任的態度，這個態度比它的結論還值得我們重視。

　　只要花的是納稅人的錢，不論任何人做任何研究，都應先回答「為什麼要做？」這個問題。科學界的領導機構，更應率先打起社會責任。

---

❷ *Mapping and Sequencing the Human Genome*, Washinton, D. C.: National Academy Press, 1988.

按：《基因定位》國內只有成功、陽明、中正三個大學的圖書館找得到；《人類基因組的基因定位與定序》只有成功、清華兩個大學的圖書館找得到，可是大陸 1991 年就由北京的科學出版社翻譯出版了。

33. 人民科學

　　法國大革命期間，「舊政體」設立的許多學術機構都給封閉、資產充公，例如皇家科學院。許多科學家上了斷頭臺。傳說化學革命之父拉瓦錫 (Antoine-Laurent Lavoisier, 1743～1794) 在人民法庭上受審，法官說：「共和國不需要科學家！」

　　其實共和國也設立了嶄新的「人民學術」機構，例如法國國立自然史博物館（MNHN, 1793 成立，位於巴黎）。原來「自然史」在十八世紀不但是新興的研究領域，也成為一個風靡閱讀大眾的文類。數學、物理、天文之類的古典科學，早已是專家之學，「閒人莫入」。而地質學家對地層的研究，以及地層中生物相演替的現象，加上地理大發現以來歐洲人從海外帶回的生物，讓學究與社會大眾都有用心的地方。

　　法國國立自然史博物館一成立就聘任了十二位講座教授，每人每年必須開一門課，共三十講，對大眾開放。聽課的人若有意進修，可以找教授商量評分辦法，表現令教授滿意的話，就能申請上課憑證，大學等授與學位的機構都承認。拉馬克 (Jean-Baptiste Lamarck, 1744～1829) 就是那時當上「無脊椎動物」講座教授的。

　　現在的生物學教科書把拉馬克刻畫成一個笨蛋，其實「生物學」、「無脊椎動物」等詞都是他鑄造的。拉馬克還在 1800 年的講課中提出生物「進化」論，認為生物體內有向上提升的自然衝動。有了拉馬克的學術權威做靠山，這個理論立刻成為受壓迫群眾熱烈擁抱的科學，演變成基進的社會理論。要是高等生物是低等生物演變來的，人間的公侯將相「寧有種乎？」

　　兩個世紀了，自然史博物館仍然是一般大眾喜愛的教育遊憩場所，「人民科學」倒沒再聽說。原來書市裡除了自然史，還出現了許多科學書，專門為閱讀大眾介紹其他領域的科學知識。「人民科學」蘊含的革命激情，就這麼紓解了。

　　不過，現代學術訓練並不包括寫作。而為一般閱讀大眾介紹科學新知並不容易。國內《科學月刊》耕耘了 30 年，並未造就知名的科學寫手。李國鼎基金會獎勵科學寫作，辦過 8 次評選，得獎人雖不乏知名人士（如中研院院士曾志朗），影響力卻有限。出版商從國外引進的翻譯科學書反而成為主流。

　　令人遺憾的是，國內學界似乎不只創作能力不足，欣賞國外名家科學書的識見也需要開拓。美國名家艾西莫夫 (Isaac Asimov, 1920～1992) 有兩本「科普開講」在國內上市，卻受到譏評，值得注意。

　　艾西莫夫是化學博士，以科幻／科普成名，他有一段話足以概括他的寫作事業：

> 科學已經變得太重要了，不能讓科學家決定。科學家必須
> 接受一個穩定運作的社會的指導，這個社會則必須以擁有
> 充分資訊的民意為基礎。（蔡承志譯）

　　信念不足以支撐科學作家的聲名，專業知識、通識、文筆缺一不可。例如艾西莫夫 1979 年就發表的短文〈你要不要被複製〉，今日讀來仍周到而合理，憑的是冷靜的識見。一般讀者只求開卷有益，可是評者的任務是發幽闡微。國內學界出不了寫手，尚可以「規模不足」作託辭，名家識見視而不見，就茲事體大了。

（《中國時報》人間副刊）

34. 悟生理之易失

2003 年 10 月 13 日，美國奧勒岡醫學大學 (OHSU) 的研究團隊在美國生殖醫學會 (ASRM) 年會上宣布，以猴子做的卵巢移植實驗成功了。

科學家先從猴子體內取出健康卵巢，再將部分卵巢組織植入其他猴子體內，移植位置各不相同，有的在腎臟包膜上，有的在直腸肌肉上，有的在手臂上。然後觀察那些卵巢組織是否會分泌性荷爾蒙（雌性素與黃體激素）、形成濾泡（表示卵子會發育成熟）。70～150 天之後，所有猴子的移植卵巢組織都會分泌雌性素，其中以位於腹部的運作得最順利。但是，7 隻猴子中，只有移植到腎臟包膜上的卵巢組織有排卵徵兆。

研究人員使用刺激排卵的藥物，從四隻猴子的卵巢組織中取出 11 粒成熟的卵。它們在試管中受精後，有兩個順利發育成胚胎。將胚胎植入正常猴子的子宮，結果一隻順利懷孕，最後產下一隻重500 公克的雌猴，母女平安。

根據報導，這個研究的應用價值在於：有些婦女因為癌症或是服用藥物，一時不能懷孕，這個技術成熟後，她們就可以將卵巢冷凍儲存，等到適當時機再植回體內。

其實，年輕婦女罹患癌症，或者必須服用妨礙卵巢功能的藥物，機會並不高。這個技術吸引人的地方，可能是它一舉解決了兩個現代婦女的問題。

第一、現代婦女受到月經的折磨，在人類歷史上是空前的，即使在哺乳類中，都不正常。傳統世界中的婦女，倒比較接近哺乳類

的「基本模式」，進入生殖年齡後，大部分歲月都在懷孕、哺乳中度過，一輩子來不了幾次月經。因為人類嬰兒哺乳期長，而在哺乳期，卵巢功能會受抑制。餵奶的女人不容易懷孕，是老祖母時代的常識。

由於科學家到二十世紀才逐漸了解人類婦女的生殖生理，而歐美婦女即使產後哺乳，很快就恢復月經，正常受孕。於是科學家判定老祖母的常識「不科學」。

另一方面，維持傳統生活形態的狩獵／採集族群，例如南非布須曼人，沒有避孕措施，人口增長得卻很慢。1950 年代，學者分析他們的人口資料，與工業化國家比較，發現他們人口增長緩慢，關鍵因素是婦女的懷胎間隔期長。

後來學者才覺悟，也許老祖母的常識有些道理。1980 年代，他們終於找到足夠證據，顯示哺乳果真有「避孕」效果。只不過，哺乳的避孕效果是透過哺乳行為產生的，而哺乳模式是重要變項。

原來歐美婦女為了控制生活品質，習慣定時哺乳，夜間儘可能不哺乳。而布須曼婦女隨身帶著嬰兒，隨時哺乳，不分晝夜；這樣做的確有抑制卵巢功能的效果。看來布須曼婦女的哺乳模式才是傳統人類世界裡的主流。工業化改變了人類的生活與行為模式，竟然淪肌浹髓至此，大概誰也想不到吧？

要是年輕婦女能夠將卵巢取出冷凍儲存，不就去了每個月的心腹大患？

第二、現代婦女過了中年後，生殖系統發生病變（包括癌症）的風險就會升高。近年來生物醫學家開始懷疑，現代婦女的身體，受到的荷爾蒙「轟擊」是傳統婦女的許多倍；生殖系統這麼高頻率的變化，難免會提升出岔子的機會。

　　於是取出卵巢冷凍儲存，需要時再動用，似乎是釜底抽薪之計。

　　不過，這個思路仍然不脫工業化世界的主流認知模式──遇上任何問題，都想以技術解決。乾淨俐落的技術，往往基於單純的假設。偏偏我們的身體歷經幾百萬年的演化，一直都是得過且過、湊合著用，而不是精心設計的產物。結果，體內每個系統往往與其他系統盤根錯節；生物醫學的假設越單純，越無法精確預測身體系統的運作。

　　荷爾蒙補充療法 (HRT) 是個好例子。在美國，鼓吹以荷爾蒙永保青春，造成風潮的是羅柏‧威爾森 (Robert Wilson) 醫師。1966 年，他寫了一本書《青春永駐》，暢銷一時。他認為停經婦女的問題，與糖尿病人的問題一樣，既然糖尿病患只要服用胰島素就可以了，為什麼停經婦女不服用雌性素呢？

　　1972 年，威爾森醫師在美國老年學會的期刊上寫道，

> 到了五十歲，就沒有卵子、沒有卵泡、沒有泡膜，沒有雌性素──真的是一場突發的災難。

他接著說，雌性素可以解救婦女。

> 乳房與生殖器官不會萎縮。於是婦女就能快活地活下去，不會變得既沉悶又無趣。

　　要不是 2002 年 7 月美國國家衛生院 (NIH) 支持的荷爾蒙補充療法實驗，因為結果不理想而突然叫停，我們大概很難相信，這個風行的「療法」居然是基於這麼天真的想法。❶

---

❶ 請參考《科學發展月刊》〈科技新知〉專欄，2002 年 8 月。

35. 喬太守亂點鴛鴦譜

2002～2003 年連續死了幾頭大象。先是木柵動物園的馬蘭，又是林旺，接著壽山動物園的安妮也走了。

媒體報導這些動物死亡的新聞，總帶著濃濃的「人味」。像是馬蘭病危，記者就說林旺在一旁著急；可是他又非常二八，總不忘提馬蘭、林旺「夫妻不合」的往事。安妮的新聞裡，也夾纏了一些「人倫」評論，例如說安妮「雖然在 2002 年結了婚，不過她的身體不好，一直無法傳宗接代。……儘管她先生阿里脾氣像火爆浪子，讓安妮經常受苦，不過當安妮倒下時，阿里還是傷心不已……」云云。

動物有「傳宗接代」這回事嗎？

其實，生物的「生」與「上天有好生之德」的「生」同義，指的是「生殖」，以「傳宗接代」描述阿里、安妮的那檔子事，似乎很有道理。但是從生物遺傳的機制來說，動物之間的交配活動，實在說不上「傳宗接代」。因為有性生殖是個「稀釋遺傳」的生殖模式。每個父母只能遺傳一半基因給子女，抱在手上的孫子，身體裡只有四分之一的基因從自己來。至於曾孫、玄孫，繼續以每代稀釋 50% 的定律遺傳，要不了幾代，自己與子孫的關係就淡如水了，光比較基因組，說不定比自己出門撞見的陌生人還要疏遠。

難怪英國牛津大學 「大眾科學教育講座教授」 ❶ 道金斯

---

❶ Charles Simonyi Chair of Public Understanding of Science。按，席蒙尼是美國微軟公司的研發大將，1995 年他捐贈 150 萬英鎊給英國牛津大學，設立這個職位。這是世上第一個擺明了以校園外「大眾科學教育」為主要職責的大學教授職位。

(Richard Dawkins, 1941～) 會提出「自利基因」觀點❷，提醒大家：我們都只是基因操縱的臭皮囊。這個觀點並不新奇，十九世紀作家巴特勒 (Samuel Butler, 1835～1902) 就一語道破了：母雞只是雞蛋製造另一個雞蛋的方法。❸ 在這個脈絡中，漢末禰衡的跌蕩放言，聽來就不刺耳了：

> 父之於子，當有何親？論其本意，實為情欲發耳。子之於
> 母，亦復奚為？譬如寄物缶中，出則離矣。

然而我們依舊慎終追遠。面對紅燭香煙，聆聽長輩訓誨，孺慕之情往往難以自已。這才是「傳宗接代」的意義──超越生物學的人文意義。

可是，人世的婚姻制度正遭逢史無前例的衝擊，「傳宗接代」的人文意義是否還能流傳，倒是不能無疑──穩固的婚姻才能傳宗接代。

人類兩性在婚姻中長期廝守，所作所為本就不是生兒育女一詞所能概括的。事實上，即使是女人的生殖生理，生物學家都無法了解其所以然。其他哺乳動物的雌性，活到老生到老，一旦不能生了，生命的盡頭就到了。而已開發社會的人類女性，平均年齡逼近 80 歲，卻在 50 歲左右喪失生殖能力。成年期將近一半歲月不能生殖的動物，在自然界簡直絕無僅有。我們不免懷疑，婚姻的白首之盟是彌補人類生物學缺憾的人文之約；而兩性合作撫育子女，只是婚姻

---

❷ the selfish gene

❸ A hen is only an egg's way of making another egg.

的一部分。

　　不過，人類平均壽命逼近 80 歲，完全是二十世紀的現象。在十九世紀末，即使是美國人，平均壽命都不到 40 歲。傳統社會的女人45 至 50 歲停經，與其他哺乳類的生命史沒有什麼差異。

　　倒是法國人類學家李維史陀 (Claude Levi-Strauss, 1908～2009) 提出的聯姻理論，更能幫助我們看清楚婚姻制度的人文價值。簡單地說，李維史陀認為交換女人是男人結盟的手段，因此在傳統社會中，婚姻不只是當事人的事，也與當事人的意願不相干。現在的阿公阿婆，許多人還能告訴我們那時的婚姻是怎麼回事。於是超越當事人的家族、鄉黨，成了維繫婚姻的力量，而固定與固著的生活模式，強化了倫常規訓的監督。

　　到了二十世紀，都市化與流動的生活模式，打破了鄉黨鄰里在生活空間中布下的人文羅網，解放了傳統的婚姻制度。然而，人類壽命增加之後，即使經由戀愛結合的夫婦都不免發現：維繫婚姻的責任實在是難以承受之重。

　　現代社會中，法律成了婚姻制度唯一的後盾。諷刺的是，法律只是消極手段 ； 從來沒有人訴請結婚的 。 判決結婚在過去倒是有的——喬太守亂點鴛鴦譜。

　　現代喬太守只能點馬蘭與林旺，安妮與阿里……

2003 年 10 月

36. 山盟雖在
難　難　難

Music to Move the Stars, by Jane Hawking,

London: Macmillan, 1999.

《霍金：前妻回憶錄》上下冊　常雲鳳、王儷蓉　譯

臺北市：天下遠見出版公司，2003 年

　　前妻寫回憶錄，而且從與前夫的羅曼史談起，擺明了就是拿前夫當賣點。當然，前夫得是號人物才成。而有誰敢說霍金 (Stephen Hawking, 1942～2018) 不是呢？

　　霍金是以黑洞理論成名的宇宙論專家，英國劍橋大學盧卡斯數學講座教授，這個職位 340 年前就設立了，自 1669 年起，由 27 歲的牛頓擔任過 33 年，是劍橋大學最有威望的教職。此外，霍金的《時間簡史》❶ 於 1988 年出版，是有史以來最暢銷的科學書，全球銷售量以「千萬」計。可是，霍金成為世人矚目的人物，並不是因為黑洞、宇宙論、牛頓、《時間簡史》，而是他這個人「全身除了腦子，都不能動」——霍金癱在輪椅裡，是一個讓肉體禁錮的靈魂。

　　霍金患了肌萎縮性側索硬化症 (ALS)，那是一種運動神經元疾病，就是中樞神經系統裡的運動神經元逐漸死亡，因此身體的隨意肌日漸衰弱、萎縮，最後連吞嚥與說話都有困難。這種病在美國，

---

❶ *A Brief History of Time*, New York: Bantam Books, 1988.

每年約有五千名新病例，其中最多只有一成與家族遺傳有關，其餘
九成的病因，目前還沒有頭緒。

霍金的成就讓世人注意到了運動神經元疾病，特別是 ALS。但
是，他卻不是典型的 ALS 病例，這種病通常在 40～60 歲之間發病，
但是霍金在大學畢業那年就出現病徵了；ALS 發病後，病人通常活
不過 5 年，霍金現在已過 61 歲，2002 年夏天還到中國訪問，並接
受杭州大學頒發的榮譽學位。

總之，霍金並非常人，《時間簡史》的成功，使他成為世人最熟
悉也最好奇的在世科學家。《霍金：前妻回憶錄》盤算的就是我們對
名人的窺視慾望。但是作者珍超越了八卦格局，提出了令人深思的
問題，就教我們不得不佩服了。

現在，在學術上，霍金是愛因斯坦的繼承人，企圖將相對論與
量子論結合起來，探索宇宙的起源，在職位上，他是牛頓的繼承人。
《霍金：前妻回憶錄》從霍金自牛津大學畢業那年 (1963) 寫起，那
時，霍金還不算老幾。

1963 年元旦，珍與霍金第一次見面。珍不滿 18 歲，要進大學
了，霍金正準備到劍橋大學攻讀物理學博士學位。不久，珍就知道
霍金罹患了奇症，可是仍與霍金墜入愛河。1965 年 7 月，他們一個
大學沒畢業，一個博士沒到手，只知道醫生說隨時會死，竟決定結
婚了。

由於珍的興趣在文學，尤其是西班牙的中世紀情詩，她在這書
裡全力經營的，並不是霍金的學術成就，而是「成功男人背後的女
人」。只要一個事實就可以說明珍與霍金這對夫妻的關係：博士學
位。

　　1966 年春季，結婚不到一年的霍金獲得博士學位。接著珍才考完大學畢業考，於 1967 年畢業。然後珍在倫敦大學博士班註冊。結果，珍直到 1980 年才完成學位論文，通過論文口試，在 1981 年獲得博士學位。那時她已是三個孩子的媽了。

　　霍金呢？1974 年，他當選皇家學會會士，1977 年升重力物理學教授，1979 年再升任劍橋盧卡斯講座教授，並在就職演說中，透過學生的嘴宣布：到了二十世紀結束時，由於更快、功能更強大的電子計算機會出現，物理學家將無事可做。好在那時，他也接近退休年紀了。來賓鬨然大笑，只有珍笑不出來。

　　她什麼時候可以退休呢？

　　珍與霍金是戀愛結婚的。他們在婚前，霍金的病已經為兩人的婚姻前途抹上了陰影。他們婚後，立即必須面對日常生活的瑣碎。由於兩人都是在學學生，經濟上沒有可恃的家世，即使霍金的師長已看出他終成大器，他們仍然要為生活物資打拼。婚前，霍金就開始依賴珍的祕書服務——為他打字。婚後，霍金的前途仍不可知，病情卻逐步加重，出入都得有人攙扶。等到他們的長子出生，珍就得同時照顧兩個人了。

　　1967 年暑假，霍金到美國講學。在機場候機室裡，霍金抱著 7 個星期大的羅伯特，珍起身去領免費的三明治，回來時，卻發現坐在輪椅上的霍金褲子溼了，尿水流了一地，他卻動都不能動。孩子笑得倒是蠻燦爛的。珍

　　丟下三明治，失態尖叫，這是我這輩子第一次尖叫！（上冊，頁 179）

霍金困在日漸軟癱的軀體中，需要珍全時、全心的照顧，對他而言，我思故我在。可是珍呢？只要眼前霍金在，她就得不在。而霍金思考的成果贏得的讚譽越多，她越得忘我。

令珍更難過的是，她還要為孩子著想。例如羅伯特不到9歲，童年就提早消逝，必須做家事、搬東西、幫忙餵洗父親、帶父親上廁所。而霍金回到家後，開口說話只為了使喚人，又拒絕外人照顧，認為教長子當自己的手腳，天經地義。事實是，他們根本雇不起外人。

霍金有的是正當而高貴的理由勇敢生存下去。他與病魔搏鬥，突破肉體限制，上下四方、古往今來，縱情遨遊。他象徵人類精神的勝利，理性的榮耀。他還要在學術政治圈裡步步為營。至少他得看來堅強，才有機會贏得出人頭地的地位。他的成就、榮銜，讓他成了殘障同胞的楷模。最後，霍金愛上舞臺，享受舞臺。

可是珍反覆提醒我們：舞臺上光鮮亮麗的霍金，是許多人的無私奉獻打造出來的，包括家人、友人、學生。她呼籲讀者正視一個事實：許多殘障人士能突破軀殼的束縛，除了本人的意志、精神、天賦，他們的成就中摻了許多人的辛酸，甚至血淚。

而隨著霍金病情的進展，珍與他早就沒有夫妻之實了，為什麼還要繼續犧牲奉獻呢？這個問題在講究個人自主意識的自由戀愛時代，沒有受到過應有的重視。問世間情是何物？直教人生死相許！這麼感嘆的人，不是得意人，就是失意人。

在婚前，珍對婚姻是這麼看待的：

　　我跟他們說……不想知道史蒂芬詳細的病情，因為我

太愛史蒂芬，無論如何都會嫁給他。我會為他燒飯、洗衣服、買東西、給他一個美好的家，並放棄自己的目標和理想，因為和眼前的挑戰相較之下，個人的志趣實在無關緊要。我相信史蒂芬一定會珍惜我，也會鼓勵我發展自己的興趣，我也相信他會遵守對我父親的承諾，絕對不會讓我從事體力無法勝任的工作。

21 歲的我天真的相信，不管遭遇什麼困難，史蒂芬和我一定能夠相處融洽，創造美好的未來。（上冊，頁 109）

這是不切實際的憧憬。將「自己的目標和理想」寄望於愛人對自己父親的承諾，與自主婚姻的基本精神完全衝突。而珍卻要經過十幾年真實生活的磨練，才覺悟自己太天真。大概只有傳統社會的人，才不必受這種覺悟折磨吧。在過去，婚姻這種社會制度，並不只由當事人負責維持。從傳統婚姻解放出來的個人，擔得起這樣的責任嗎？

這個婚姻維持了 25 年，成就了霍金，也成就了這本書。不賴。

（2003 年 10 月號《科學人》書評）

37. 石神亨與妻訣別書[1]

　　1894 年 5 月 10 日星期三，香港《士蔑新聞》[2] 在頭版宣布，太平山華人區出現了一種 「致死疾病」。星期四，《香港孖剌沙西報》[3] 報導，過去兩天中，華人區死者已達四十人。星期五，日本駐香港領事以電報向外務省通報：香港已發生「腺瘟疫」(bubonic plague)，國內對於來自香港的船隻，應實施隔離檢疫。

　　這時香港公衛委員會的主席仍然在玩文字遊戲，他用盡了英文中表示傳染病、流行病的字眼，就是不肯使用 plague，因為這個字通常只用來指「黑死病」——自十四世紀起蹂躪歐洲的疾病。據說當年歐洲人口有四分之一到三分之一，都死於這種急性傳染病。薄伽丘的 《十日談》，就是在黑死病重創義大利北部期間完成的 (1348～1353)，書中對黑死病的典型症狀，做了清楚的描述，可說是第一部黑死病文學。[4]

　　其實，負責防疫政策的公衛委員會已經聽過專家報告了，醫師在病人身上觀察到薄伽丘描述過的病徵——頸子、鼠蹊的淋巴結腫大。日本領事顯然非常盡職，他向外務省報告，出自日本在列強壓迫下門戶大開之後的血淚教訓——外來的傳染病，不斷在日本造成

---

[1] 筆者感謝呂佳蓉小姐提供譯文參考，呂小姐已獲得日本京都大學博士學位，任教於臺灣大學語言學研究所。此外，彭小妍為筆者解說日文，一併致謝。

[2] *Hong Kong Telegraph*

[3] *Hong Kong Daily Press*

[4] 「黑死病」(Black Death) 這個詞出自十六世紀的北歐學者，大概在十九世紀初開始流行於英語世界，「黑」是隱喻，意思是「恐怖的」。

嚴重疫情，例如霍亂。

於是日本外務省向內務省通報，因為內務省衛生局主管防疫事務。可是局長不知道「腺瘟疫」是什麼，就親自拜訪成立不滿兩年的私立傳染病研究所。

傳研所所長是北里柴三郎 (1852～1931)，他東京大學醫學院畢業後，先在內務省衛生局服務，再以公費赴德國科霍研究所留學 6 年，是當時細菌學權威科霍 (Robert Koch, 1843～1910) 的嫡傳弟子。（按，科霍 1905 年得到諾貝爾生醫獎。）1889 年至 1890 年，他在柏林培養出厭氧的破傷風菌，並研發出治療破傷風的血清療法，成為國際知名的細菌學家。

1892 年 5 月底北里回到日本，這時正是細菌學的黃金時代，再加上他的國際聲名，衛生局長面對不明瘟疫的威脅，除了傳研所，還有什麼地方可以求援？接待衛生局長的，是北里手下第一號大將高木友枝 (1858～1943)。

哪裡知道高木友枝看到衛生局長轉交的香港領事電報，也一臉茫然。他查遍了傳研所的「洋書」，才知道所謂「腺瘟疫」就是可怕的黑死病，而當時醫界似乎認為它已從人間消失。

高木立即向衛生局長開示，認為應派出調查團到香港研究疫情，以解開黑死病之謎。當然，這樣做也有迎頭趕上、決戰境外之意。

於是，日本外務省決定派出香港調查團，成員包括北里等 6 人。當時預估黑死病死亡率高達 93%，因此調查團動身前政府還開了送別會，祝福團員平安順利。他們 6 月 5 日下午自橫濱上船，12 日抵達香港，14 日就展開研究工作。當天北里就發現了病原──一種未知桿菌。

6 月 28 日，調查研究已經完成，香港調查團預備返國，當晚香港總督宴請團員表示感激慰問之意。沒想到負責病理研究的東大醫學院教授青山胤通晚宴後突然發燒，第二天清晨，北里的助理石神亨（海軍軍醫）也發燒；兩人腋下、鼠蹊的淋巴結都腫大了。香港的英籍醫師確定他們得了黑死病，日本報紙都以號外報導這個消息，全國震動。

於是石神亨寫下了訣別書，向妻子八重子交代後事：

> 愛妻，妳收到這封信，是妳的不幸，也是我們家的不幸，這是我最悲痛的事。我已得了黑死病，而得了這種病，十有八九必死，我心裡已有準備。不過我還是會努力求治，以盡人事。我在患病之前戮力預防，染病後戮力求活。若我不幸難逃此劫，妳與兩個孩子會多麼悲傷，多麼怨嘆，不知如何活下去。我一想到這裡，就難忍淚水。

> 我相信，妳是個正直慈愛的人，必然會以愛撫養兩個孩子長大，我期盼他們成為天父的子民，請教他們博愛，做天父的子民。

> 我唯一憂心的事，就是妳們的日子會過得不好。不過，貧富本無常，要是有機會，望妳能設法為孩子籌措教育經費。我希望妳們搬到東京，送兩個孩子入同志社（按，私塾）求學，要是有一人願意當護士，我就很高興了。

> 海軍會給妳們一年一百圓撫卹金，我知道以這點錢來養兩個孩子，對妳來說負擔實在沈重。但是希望妳能了解我的心意，請妳努力。

　　我此刻頭痛欲裂頭暈甚劇，心神不寧已不能書，餘事就請妳按照我平日的行事拿主意吧。死後之事，我決不擔憂，堅信我會上天堂。阿門。

6 月 29 日夜，於香港（臨時隔離醫船）

　　結果，青山與石神都逃過一劫，石神於 8 月 3 日離港，12 日抵日。9 月 17 日，中日海軍在黃海大東溝海面發生海戰。

38. 惡意的缺席[1]

珍古德是個傳奇人物。

她 18 歲高中畢業，沒有上大學，到祕書學校受過訓練，就投入職場。1957 年，她 23 歲生日那天，抵達英屬東非（今肯亞）首府奈洛比探望同學。這一次非洲之行，珍古德最大的收穫，就是會見當地博物館館長——傳奇人物李基。她立即受聘擔任李基的助理祕書。

李基在坦尚尼亞奧都外峽谷搜尋「人類祖先」化石，幾十年了，這時還沒有重大收穫。但是，李基早就信心滿滿，認為非洲是人類的演化搖籃。因此，除了搜尋人類祖先化石與發掘考古遺址，他對於研究人類演化，已有定見：為了了解人類演化的早期階段，一定要先研究靈長類在自然棲境中的行為。現代靈長類研究 (primatology)，就是奠基於這樣的認知。

李基最為人樂道的成就，就是促成三位女性研究大猿的事業：英國人珍古德研究黑猩猩，美國人弗西 (Dian Fossey, 1932～1985) 研究大猩猩（1988 年的電影《迷霧森林十八年》，就是她的故事），加拿大人郭蒂卡 (B. M. F. Galdikas, 1946～) 研究紅毛猩猩。一開始，珍古德就成了傳奇人物，對於女性進入這個全新的研究領域，是個莫大的誘因。

李基鼓勵珍古德研究野地黑猩猩，除了珍古德的意願之外，有兩個主要理由。珍古德沒讀過大學，李基反而認為是個優點，因為

---

[1] *Absence of Malice* 是 1981 年上映的電影，意思是「沒有惡意」，但是國內譯做「惡意的缺席」。

他認為「不帶成見進入田野」，才能發現真相。此外，黑猩猩的社群由雄性支配，因此李基天真地相信女性比較不會引起黑猩猩的敵意。

1960 年 5 月，李基為黑猩猩研究找到了經費贊助人，募得了三千美元，珍古德終於可以展開研究工作了。她在 7 月中抵達岡貝黑猩猩保護區，直到 10 月，黑猩猩才開始「接納」她，不再一看到她就驚慌跑開。對她的研究生涯，這是最重要的突破。接著，就是兩個重大的發現：10 月 30 日，她觀察到黑猩猩食肉（豬）。11 月 4 日，她觀察到黑猩猩製作工具、使用工具──以樹枝釣白蟻。

這兩個發現動搖了人類學界對於人之所以為人的兩個假設。研究人類自然史的學者，一開始就面臨的問題是：人類身無利器，憑什麼披棘斬荊，成為萬物之靈？根據傳統的看法，答案是：人類會製作工具，合作狩獵，才殺出一條生路。珍古德的報導，立即轟動學界，也引起媒體注意。1961 年，美國國家地理學會開始贊助珍古德的研究經費，並大幅報導她的成就。

這時，李基已經為珍古德規劃出完整的研究生涯大計。第一步，就是先到他的母校（劍橋大學）拿一個博士學位。珍古德直接註冊為博士生。由於從來沒有科學家在田野中長期觀察過黑猩猩，她根本不必花心思想博士論文的題材。

事實上，珍古德只到劍橋上過兩個學期的課。而她的導師其實對她的「研究」並不滿意，理由都是方法學上的 (methodological)。第一、珍古德為每位常見的黑猩猩都取了名字，犯了所謂「擬人化」的大忌。因為，科學研究講究客觀，為動物取名字，把牠們當成人一樣地報導，很容易涉及「子非魚，安知魚之樂」的問題。第二、珍古德不懂得使用量化數據支持她的討論，讓讀者產生她只是在做

「印象式」報導的感覺。但是在李基的策劃之下，這時媒體已經將珍古德當成世界級的黑猩猩行為權威，尤其是《國家地理雜誌》，劍橋大學只好讓她畢業（1966 年 4 月）。

　　不過，國家地理學會在前一年已經決定支持珍古德在岡貝設立長期研究站的計畫。珍古德將岡貝經營成一個黑猩猩研究中心，不但承擔起訓練更多研究人手的責任，還使科學界獲得了長期的黑猩猩觀察紀錄，對學術的發展，這個功業比她的博士論文大多了。即使以我們對「不朽」的傳統看法來衡量，建立研究中心是「立功」，而博士論文只是「立言」。

　　國人注意到珍古德的時候，她已退休，專注於動物保育事業。有意思的是，她寫給知識大眾閱讀的作品，在國內的出版順序不僅顛倒，書名都遭到奇怪的誤譯。珍古德 1971 年發表的 *In the Shadow of Man*，是她第一本比較完整的研究報導，書名有雙重意義，一方面紀念她在 1960 年 10 月第一次與一頭黑猩猩的近距離 「邂逅」——他們相距 6 公尺，連呼吸聲都聽得清楚。當時，那頭雄黑猩猩站起身，盯著她看，可是身子卻在珍古德的夕陽身影中。此後，黑猩猩不再見到她就跑掉。另一方面，英文是對黑猩猩命運的白描，「在人類的陰影中」；牠們的命運不是操在人類的手裡嗎？然而國內卻譯成《我的影子在岡貝》。

　　另一本書是 1990 年出版的 *Through a Window*，直譯「透過一扇窗子」，珍古德的解釋是：窗子是我們觀察世界、尋求意義的管道。要是窗子太小，即使玻璃透澈，也只是以管窺天而已。珍古德的意思似乎是：黑猩猩研究是我們窺伺人性本源的一扇窗子。出版社為本書取的中譯名是《大地的窗口》。

39. 人猿泰山

誰知道呢？泰山居然與中華民國同歲！

中華民國元年的光輝 10 月，〈人猿泰山〉("Tarzan of the Apes") 首度在美國現身，開始在通俗的《小說》(All-Story) 月報上連載。作者柏洛茲 (Edgar Rice Burroughs, 1875～1950) 是軍校畢業生，在美國第七騎兵師服過役，後因健康問題，在軍中沒有出路，才回到民間發展。

他這一年上半年已發表過一篇科幻小說，描寫一個地球人到火星的見聞。後來，他幾乎什麼類型的小說都嘗試過。不過，讓他留名後世的，卻是泰山故事，他一共寫了 26 部。

《人猿泰山》在 1914 年結集出書。1918 年，泰山第一次登上銀幕；1932 年，米高梅公司推出第一部以泰山為主角的有聲電影《猿人泰山》(Tarzan the Ape Man)，柏洛茲的泰山小說益發暢銷。幾年前狄斯奈的泰山動畫片，大概會引起新世代觀眾讀小說的興趣吧。

但是，將泰山養大的究竟是哪一種「人猿」呢？為什麼一下說「人猿泰山」，一下又說「猿人泰山」呢？

柏洛茲在小說裡並沒有說清楚。他總是用通稱 ape，這個單字的意義是我們叫做「猩猩」（或「猿」）的靈長類。非洲的黑猩猩 (chimpanzee)、大猩猩 (gorilla)，東南亞的紅毛猩猩 (orangutan)，都是「猩猩」。甚至東南亞的長臂猿，也可以叫 ape，只是牠們體型比較小，專指長臂猿的時候，英文裡用 lesser ape，中文意譯成「小猿」。於是黑猩猩、大猩猩、紅毛猩猩就是「大猿」(great apes) 了。

但是我們從柏洛茲的描述，還是可以推斷他說的「猩猩」是哪一

種。話說泰山的父親出身英國貴族，繼承了父親的爵位，在上議院占一席位。他先是從軍，但是覺得到海外殖民地有更大的發展。1888年5月，他奉派到西非英屬殖民地，祕密調查另一個「歐洲殖民強權」在那兒虐待土著的情事。當時他新婚三個月，新娘已經懷孕，硬要隨他一起上路。哪裡知道他們在獅子山換了船後，途中水手叛變，殺了領導長官，將他們夫婦拋棄在西非赤道之南的一處海岸上。

那兒三面有密林包圍，獅子、豹子、「猩猩」不時出沒，泰山在那兒出生。可是他母親受到一頭雄猩猩驚嚇，喪失部分神智，在泰山1歲後就過世了。泰山的父親極為悲傷，疏於防範，竟然讓一頭猩猩王率眾闖進他親手建造的小屋。猩猩王殺了泰山的父親，一頭雌猩猩把泰山搶走，因為牠的嬰兒剛教猩猩王殺了，就把泰山視為己出。我們認識的泰山就這麼誕生了。

柏洛茲留給我們的線索，最明確的就是地理。西非、赤道之南，大概是今天的加彭、剛果，那兒黑猩猩、大猩猩都有。不過，柏洛茲對於猩猩體型的描述——雄性體重超過130公斤——比較接近大猩猩。非洲野地的黑猩猩，成年雄性平均體重不過50公斤上下，而雄性大猩猩成年後，平均達170公斤。

柏洛茲對猩猩社群的描繪，就與大猩猩有很大差距了。例如書中描寫的猩猩王，統治6到8個家庭，每個家庭包括一頭成年雄性、幾頭成年雌性，加上牠們的孩子，所以牠的「臣民」共有六、七十個。大猩猩的社群不是那樣的，牠們每個家庭都是獨立社群，各有地盤，不容其他大猩猩越界，絕無幾個家庭組成一個部落的事。

柏洛茲寫的是小說，當然有權虛構，要是不虛構，泰山怎麼長大？靈長類學是二次世界大戰之後才逐漸成立的研究領域。當年科

學界對於野地靈長類的行為一無所知，傳世的叢林故事大多真偽相參、以訛傳訛。

此外，柏洛茲還故意誤導讀者。例如他描述泰山養母卡拉的段落，說牠的族群與大猩猩血緣極為親近，體型、力氣、性情都一樣，可是比較聰明，因此是人類最可怕的近親。1997 年，美國阿拉斯加大學社會學教授阿塔棉 (Sarkis Atamian) 出版了一本書，追溯泰山故事的起源，特別點出十九世紀探險家謝呂 (Paul du Chaillu, 1831～1903) 的貢獻。

原來謝呂是法國人，父親到西非法屬加彭（1960 年才獨立）工作。1848 年下半年，謝呂第一次到加彭，為父親的公司深入赤道非洲探險，並結識了美國的傳教士。後來謝呂到美國紐約教法文，他的非洲見聞引起許多人的興趣。費城科學院一些人集資請他到非洲採集自然史標本，於是他在 1855 年 10 月回到加彭。1861 年，他那次探險的故事出版了，引起轟動。他描寫了大猩猩，以及食人族改吃大猩猩的故事；他為西方科學界帶回了完整的大猩猩骨架與毛皮，還報導了大猩猩的行為。

因此，將泰山養大的「人猿」（man-ape，類似人的猿），原型是大猩猩；為了描繪泰山身手矯健，就說他是「猿人」（ape-man，類似猿的人）。1933 年的電影《金剛》，也以大猩猩為原型，想來出自同一靈感。狄斯奈的泰山動畫片，卡拉的造型正是大猩猩。

至於動物養大人類孩子的故事，就更源遠流長了，可以追溯到羅馬城的起源。❶

---

❶ 相傳羅馬城是一對由狼養大的孿生兄弟建立的。他們手足相殘，勝利的那位，成為羅馬共和國的始祖。

40. 你有你的／
我有我的／方向

孟德爾與達爾文都是十九世紀的科學巨人，這是常識。我們生活在「後一基因組時代」的人，甚至可能覺得孟德爾才是巨人中的巨人。例如起草高中生物學課程大綱的大學教授，就認為達爾文演化論是可有可無的題材，只合讓高三學生選修，意思就是網開一面，免修啦。有人敢主張遺傳學也放在高三選修嗎？

不過，我們對孟德爾這個人知道得的確很少。要是拿他與達爾文比較，更能凸顯這個事實。達爾文出身名門，連雪萊夫人的《科學怪人》都要擡出他祖父的名號，說服讀者相信書中故事「不完全向壁虛構」。在母系方面，達爾文的母親來自知名的威吉伍(Wedgwood) 家。達爾文的外祖父為「威吉伍瓷器」奠定了基礎，與達爾文的祖父是知識與事業上的朋友；他們一夥人在英國工業革命發軔之初（十八世紀末）的活動，仍是史家研究的焦點。

就算達爾文沒搞出什麼偉大的名堂，他 5 年環球航行的遊記，一路上收集的標本，加上他寫的短篇論文與私人信件、札記，都能確保他在科學史上的地位，因為那些資料全都可以反映英國在十九世紀的典型科學活動。

有時，平庸一些的科學家更能讓我們一窺科學生涯的究竟。別的不說，做實驗就是個沉悶的苦差事。90% 以上的實驗都以失敗告終。即使諾貝爾獎得主，也有許多人在本行之內，發表的錯誤意見比正確的還多。

　　比起達爾文，孟德爾實在太平庸了。他出生於農家，是長子，也是獨子。他不想繼承家業，家裡又供不起他唸書，這才進了修道院。孟德爾正式成為神職人員之後，連例行的職責都做不好，例如到醫院照顧病人，因為他受不了醫院內的景象。那時，貧窮的人才會上醫院看病，醫院資源不夠，髒亂不堪，簡直是病媒集散地。孟德爾身心受創，自己都病了。於是修道院長派他去教書。

　　可是孟德爾卻沒有通過教師資格考試。修道院長送他到維也納大學進修兩年，回來後依舊沒有通過考試。出人意外的是，考試失利之後不久，1856 年夏，孟德爾就開始進行著名的豌豆實驗。1865年，他把實驗結果整理出來，在當地的自然科學會分兩次宣讀，第二年正式發表，我們現在知道，這篇報告包括了現在中學課本裡的「孟德爾定律」：分離律與獨立分配律。

　　這下科學史家就不知道怎麼「處理」孟德爾了。孟德爾做豌豆實驗的「本意」是什麼？他想解決什麼問題？他自認為得到了什麼結論？他什麼實驗記錄、筆記都沒有留下，這幾個問題的答案，後人只能從他論文裡自行解讀。牛頓說他看得遠，只因為他站在巨人的肩上；我們現在可以肯定發現行星三定律的克卜勒是他的巨人之一。孟德爾呢？

　　別說現在我們搞不清楚孟德爾的企圖，即使在當年，孟德爾也沒什麼知音，最冷酷的事實是：當時科學界對他的實驗結果毫無反應。他訂購了 40 份論文抽印本，許多都寄給當時他心儀的學者，在達爾文的藏書裡也找到過一份，居然還沒有拆封！這件事讓崇拜達爾文的人跌足嘆息，因為達爾文自己發明的遺傳學理論 (1868)，當年是個笑話。

　　孟德爾「暴得大名」，是他過世後 16 年的事。1900 年春，荷蘭、德國、奧國的 3 位學者不約而同地「重新發現」孟德爾論文的價值。現在教科書將孟德爾冠上「遺傳學之父」的頭銜，就是根據他們的解釋。

　　有趣的是，科學界重新發現了孟德爾之後，一些自命為孟德爾信徒的學者，反而是駁斥天擇理論最力的人，使達爾文拒絕拆讀孟德爾論文的往事似乎更顯得合理。

　　兩位科學界的巨人，對彼此的成就既不訝異，又不歡喜，給了科學史家作文章的機會。為孟德爾做傳的人就麻煩了，必需東拉西扯才能完成厚度足以與「遺傳學之父」相稱的傳記。難的是，東拉西扯得有功力。最近中譯出版的孟德爾傳《花園中的僧侶》，英文原著 (2000) 沒博得好評，就因為作者沒扯出什麼道理。❶

　　例如 1861 年夏，孟德爾到倫敦參加世界博覽會，作者想像兩位大師萬一見面的情景，根本沒有抓住達爾文演化論的關鍵：人類數千年的育種經驗，已足以撐起達爾文的論證；因此達爾文的遺傳理論雖然是笑話，卻無損他的學術地位。而作者無法清楚說明孟德爾豌豆實驗的企圖，使她的想像只能湊字數而已。

　　生物遺傳有兩個面向，一是常，一是變。孟德爾遺傳學定律可以說明「常」，卻無法說明「變」。達爾文需要的遺傳理論，必需能說明生物的「變」。因此，他們即使有機會切磋，大概也沒有交集吧。

　　至於孟德爾怎麼看自己，仍是個謎。其實也不重要，科學史上是沒有「個人」的。重要的是孟德爾定律，而不是孟德爾。

---

❶ *A Monk and Two Peas*, by Robin Marantz Henig, London: Weidenfeld & Nicolson, 2000.

41. 火燒圓明園

1860 年 10 月中，英法聯軍攻入北京，經營了一個半世紀的圓明園，除了遭到洋人抄掠，不久還毀於大火。許多當年的「贓物」至今仍在藝品市場流通。2000 年鬧得沸沸揚揚的所謂圓明園國寶，只是其中的極小部分。不過那幾件藝品，值得細談。

原來圓明園中有個「西洋樓景區」，由西洋傳教士設計、監造，中國工匠施工。有座海晏堂（清乾隆 25 年完工／1760 年）樓前有噴水池，兩側石臺布置了獸首人身的十二生肖，銅頭石身，體空，通以水管。十二生肖代表十二時辰，每個時辰都有一個銅像口裡向外噴水，是個別致的鐘。到了正午，十二銅像同時噴泉，蔚為壯觀。

據說十二銅像造型優美，形象生動。圓明園遭劫數時，海晏堂前的十二生肖像，下身石雕給人砸毀，奪走了銅頭像。其中虎、猴、牛銅像，2000 年由中國的私人公司出資購回，居然鬧出新聞。

可是我們感興趣的是「噴水時鐘」，而不只是用來指示時間的玩意兒。

根據英人李約瑟 (Joseph Needham, 1900～1995)，中國北宋時代就發明了獨步世界的天文鐘，細節載在《新儀象法要》，1092 年出版。實物在那之前就造出來了，置於首都開封的大內禁中。當年這座天文鐘，的確前無古人，集渾天儀、天球儀、計時儀於一身，結構體有三層，高超過 10 公尺。主持設計製造的蘇頌 (1020～1101)，在奏摺上寫道：「今新製備二器而通三用，當總謂之渾天，恭俟聖鑒，以正其名也。」換言之，他很清楚自己的創新之處，值得取個新名字紀念。

　　李約瑟認為這座「水運儀象臺」的歷史意義，不只限於中國科學技術史。他透過複雜的考證，指出蘇頌的發明其實是歐洲機械時計的母型。時計與經濟發展的關係，似乎不用多加推證。現代生活中，誰不受時間的宰制？要不是有方便的時計，時間誰也宰制不了吧！（按，李約瑟的結論並不可靠，見下篇。）

　　於是歐洲的經濟史似乎也是那座「水運儀象臺」的副產品了。問題在：中國人似乎一直不知道「水運儀象臺」有那麼偉大，當年就失傳了。（按，武俠小說作家對這種情形知道得最清楚。）

　　前面說過，圓明園海晏堂前的噴水時鐘是洋人設計、監造的。其實西洋傳教士，自利瑪竇起，就以西洋鐘迷惑了東方古國的王公貴族與知識階層。西洋鐘一直是洋人傳教利器。連羅馬教廷都注意到必須選派懂得製鐘技藝的傳教士赴中國。康熙還下令在大內建立西洋鐘作坊，以洋人教習。洋人赴北京「進貢」帶去的鐘，要是運送途中受損了，行家都會指點他們找大內鐘坊修理。

　　但是不知怎地，終大清一朝，中國工匠都沒有「出師」。英法聯軍抄掠圓明園，贓物中包括大批西洋鐘，形制、大小不一，琳琅滿目，全是當年世界各地巧匠的製品，今天還在西方藝品拍賣會上出沒。其實英國與中國的貿易，一開始就以供應時鐘為大宗。只不過這樣的生意出息有限，才把腦筋動到鴉片上。

　　說來「鐘」這玩意兒還真不是小玩意兒。中國鐘讓西洋人抄了去，發達了經濟，搞出了船堅砲利，回頭打敗中國，又在中國宮殿裡抄掠了大批西洋鐘回去，在洋人市場上拍賣。只不過怎麼都鬧不出新聞。

　　還有，原來英國人拿鐘發不了財，才想出以鴉片謀財害命的點子。

　　最諷刺的，就是蘇頌的發明得讓英國人在 1950 年代「發明」一番，國人才注意到。原來禮失求諸野，真有那麼回事。一失就將近千年！

　　那麼久遠的事，追究起來太麻煩，先談近一點的好了。為什麼康熙的鐘作坊沒搞出名堂？國人學都學不會？兩百來年都靠洋人進口洋鐘？此其一。

　　大內有鐘作坊，王公貴族又好這玩意兒，廣事蒐羅。俗話說：上有所好，下必有甚焉，那為什麼英國人發現賣鐘沒「出息」？此其二。

　　針對前一個問題，有人上綱上線，認為「民營化」才是解放事業競爭力的唯一法寶。鐘坊處於深宮大內，正是晃晃悠悠的好所在，婆娑歲月，幹嘛認真？

　　此人忘了蘇頌也是公務員，當年傲視宇內的「水運儀象臺」也是「國營事業」承造的。至於鐘沒讓洋人發財一事，就比較容易說清楚。

　　中國人玩啥子鐘？當個「玩意兒」罷了，誰拿來計時！對時間認真，認真到讓時間追著跑，需要條件的。就說你知道了現在的時刻好了，別人不知道也沒用。西洋是城、鎮、鄉裡先裝了公共鐘塔，等到人人懂得時間的妙用，用時間約會了，才有手錶的銷路。手錶一問世，時間就追著人跑了。有理沒理，誰管？

　　洋人在圓明園劫走的臟物中，中國人至今仍然以為西洋鐘不過就是「玩意兒」，才沒人當它們「侵略者罪行的歷史見證」。

42. 而今安在哉

武俠小說作家賴以謀生的技倆，不是幻想，而是對人情通達的了解。許多做實證研究的人都比不上。

例如 921 前後出過一陣鋒頭的鄭和熱，賣點是鄭和在西方地理大發現之前（十五世紀初）就率領了「世界上最大的艦隊」下西洋。雖然有些學者對鄭和寶船的尺寸斤斤計較，幾乎沒有人對鄭和熱提出過針砭。

其實鄭和故事最值得注意的不是他的成就，也不是中國當年失去的機會，而是「遺忘」、「失傳」。為鄭和建造寶船的造船廠與寶船的設計圖，在他死後 30 年內就破毀失傳。要是設計圖仍流傳人間，學者就不必辯論了。

偉大的技藝似乎特別容易失傳。金字塔矗立了幾千年，可是至今學究還在拼湊建造它們的技術。中世紀的歐洲，希臘經典失傳了，得從伊斯蘭世界接引歸來，才開啟了文藝復興。失傳是武俠小說的靈魂。哪一部武俠小說不是以失傳的武學總綱做核心的？九陰真經與九陽真經令處處講究身段的當世「高人」也不吝出手搶奪，更強化了我們「好東西總是失傳」、「不失傳就不是好東西」的印象。

為什麼好東西總是失傳？

鄭和的故事似乎有些線索。原來是朝中大臣與宮中太監鬥爭，最後大臣占上風，頒布了禁海令。這樣的事是常態，古已有之，任何時代的人都會感嘆於今為烈。可是另一個例子卻顯示，即使沒有人事鬥爭技藝也會失傳。

我們談過中國在北宋末年就發明了獨步世界的天文鐘，根據《宋史》，這座天文鐘

> 上置「渾儀」，中設「渾象」，旁設「昏曉更籌」，激水以運
> 之，三器一機，吻合躔度，最為奇巧。

現在臺中科博館展示的水運儀象臺，就是復原的模型。

後來靖康之變 (1126)，金人侵入汴京（開封），將大內禁中所有天文儀器全都擄掠到北方的燕京，但是「久皆棄毀」，只剩渾儀（觀察天象的儀器），百年後再由元人接收。看來宋、金、元三朝都重視這些工藝成就，可是天文鐘仍然失傳了。

根據《宋史》，南宋紹興三年 (1133)，朝廷想製造新渾儀，不成，因為「在廷諸臣罕通其制度」。即使下令找蘇頌的兒子翻撿老爸的遺書，考質舊法，亦不能通。另一條記載讓我們更清楚問題出在哪裡。原來南宋大儒朱熹家裡也有渾儀，「頗考水運制度，卒不可得。蘇頌之書雖在，大抵於渾象以為詳，而其尺寸多不載，是以難遽復云。」（渾象是演示、模擬天象的儀器，與渾儀不同。）

按，蘇頌當年將製造圖樣附上說明著成《新儀象法要》（書約成於 1094～1097 之間），現有《守山閣叢書》本傳世，是明代影摹的宋刻本。李約瑟與王鈴博士在 1956 年將這書的意義發掘出來，此後並大力鼓吹蘇頌的成就不只是中國科學史上光輝的一頁，更是西方機械鐘錶史上關鍵的一頁。後來英國退休工程師坎布里治 (John H. Combridge) 將蘇頌的天文鐘復原，世人終於有幸目睹中國九百年前的工藝成就。

但是我們必須注意的是，坎布里治是個業餘的鐘錶專家，也是

有經驗的工程師。他的「復原」工作其實證實了《宋史》的記載──
《新儀象法要》並沒有包括所有的必要細節。任何人想根據《新儀
象法要》復原蘇頌的天文鐘，都得匠心獨運。而李約瑟的解釋更是
別出心裁。

現在我們可以試著回答前面提出的問題了，為什麼好東西總是
失傳？

高超的技藝必然是少數高手的創作。而溝通則是另一種本事，
與創造不同，兩者都需要天賦與實踐的互動，才能登峰造極。兼具
創造與溝通本領的人更少。更重要的是，前人的卓越成就，也不是
想學就可以學會的。武俠小說強調悟性、資質，絕非故弄玄虛。

李約瑟的整套中國科學技術史，想回答的問題不過是：中國為
何沒有發展出現代科學？他不圖卑之無甚高論，從知識／技術傳承
必須解決的教學、研究、實踐問題下手，實在可惜。現代大學直到
十九世紀才逐漸成為現代型的知識生產與傳承機構。而學會與學報
在西方現代科學史上扮演的重要角色，只熟習現代大學或研究機構
的人，根本難以想像。

普及教育、獎勵出版是提升文明創制水準的唯一有效法門。

43. 李約瑟百歲冥誕

英國劍橋大學出身的李約瑟，是國人熟悉的中國科學技術史家。事實上，中國科學技術史成為一個國際學術研究領域，是李約瑟一人的成就。

立德、立功、立言是為人生三不朽。學者蠅營狗苟，窮畢生之力，不過為的成一家之言，而學術史上處處是一家之言的墳場。創建一個學術研究領域就不同了，那是一家之言的競技場。李約瑟不知讓多少人得到一試身手的機會，為學術立功，而非虛名。

不過，我們對於「科學家」李約瑟倒是所知不多。

李約瑟 1918 年進入劍橋大學岡維爾－基斯學院 (Gonville and Caius College)，發明心血循環論的哈維 (William Harvey, 1578～1657) 就是那裡畢業的 (1597)。他本想學醫，繼承父業，所以打算選修的課都是傳統醫學教育的必修課，例如解剖學、生理學、動物學。但是導師告訴他「未來是原子與分子的」，勸他學化學。他大學時代最讓他感興趣的老師，就是生物化學家霍普金斯 (Frederic G. Hopkins, 1861～1947；1929 年諾貝爾生醫獎得主)。

霍普金斯可說是英國現代生物化學之父。他是醫師，1898 年到劍橋大學生理系做研究，1902 年擔任生物化學高級講師，1914 年起受聘生物化學講座教授。但是他一直寄人籬下，辦公室與實驗室都在生理系，直到 1925 年，生化研究所在劍橋大學才有自己的「家」──獨立的建築物。本世紀之初，生物化學在英國的學院建制中，必須花四分之一個世紀才爭到獨立的地位，我們要了解李約瑟早期知識立場的發展，這個事實是個關鍵。

　　李約瑟大三唸完後，就決定專攻生物化學。大學畢業後 (1922)，霍普金斯為他安排了一份獎學金，讓他進行博士研究。他以環醣 (cyclose) 的代謝機制做論文題目，1924 年獲得學位。李約瑟畢業後繼續在生化研究所做研究，1933 年擔任高級講師，成為當時英國生物化學界的「第二把手」。

　　不過，仔細檢視李約瑟自進入劍橋以來的學術生涯，他在畢業之前已經表現出一些「反傳統」特質。例如他畢業前即已動念編輯一本書，結果就是 1925 年出版的《科學、宗教與實在》(Science, Religion and Reality)，其中收錄了人類學家馬林諾斯基 (Malinowski, 1884～1942) 的經典名篇〈巫術、科學與宗教〉，其他的作者還有天文學家愛丁頓（Eddington, 1882～1944；劍橋大學天文學教授）、宗教社會學家韋布（Clement C. J. Webb, 1865～1954；牛津大學哲學教授）等人。

　　李約瑟為這本書寫的論文〈機械性的生物學與宗教意識〉特別值得我們注意，因為其中的主題「生物學的哲學」是他在成為中國科學史家之前最重要的關懷。對李約瑟來說，「生物學的哲學」探討的主要是如何研究生命現象的問題，也就是方法論問題。李約瑟是霍普金斯的學生，對生物學的方法論不可能不關心的，因為他自己的博士研究也是在生理系完成的。他畢業後，生物化學在劍橋大學才有自己的地盤。

　　生物化學家的研究取徑，必然是化約論式的——將生命現象化約成化學現象處理；但是這個取徑一直受到多方面的攻擊，無論是在歷史上，還是在當代，直到今天這個議題仍三不五時地浮現。哲學家批評化約論在知識論上的弱點，傳統生物學家批評化約論者不

能揭露生命本相，物理學家、化學家嘲諷生物化約論者只是一味模仿。尤其德國興起的胚胎學在世紀之交發展出「生機論」，引起的爭論，在李約瑟學生時代仍然是主流思潮之一。（當年中國的「科學與人生觀」論戰，也受同一個思想潮流的影響。）

　　1920 年代，李約瑟不過是個年輕的科學界新進人員，卻花了許多時間評論生物哲學的問題，不僅反映李約瑟的知識興趣，以及當時生物化學在英國學術建制中的地位　，也反映了他的基進 (radical) 性格，即使今天的年輕學者都會歎為觀止。

44. 談「東方」

「遙遠的東方有一條龍……」，歌聲大家都很熟悉。也許太熟悉了，才沒想到那是西方人的觀點。對中世紀的歐洲人，地中海東岸起就算東方了，因此臨波斯灣的兩河流域一帶給稱作近東、中東，是以距地中海東岸的遠近來說的。這麼一來，中國就位於「遠東」了——遙遠的東方。

兩千多年來，歐洲人對東方的印象一直在改變。兩河流域是人類文明的發源地，但是中國在周朝的時候，希臘逐漸成為地中海的文明之光，東方的波斯仍是強大的國家，雙方發生過激戰。後來亞歷山大東征，將希臘文明傳播到東方，直抵印度。羅馬興起後，繼續統治中東。但是西元六世紀羅馬帝國滅亡後，歐洲的基督教世界就陷入了黑暗時期——史稱「中世紀」。

就在這時伊斯蘭教先知穆罕默德（632 年過世）誕生了。他的教義統一了阿拉伯半島，最後統一了「東方」，勢力經過北非還擴展到依比利半島（今日的西班牙與葡萄牙）。

其實基督教世界所以分外黑暗，全因東方出現了燦爛的伊斯蘭文明。這對虔誠的基督徒來說，尤其難以理解。要是《聖經》中的上帝才是真神，異教徒怎麼會好生興旺？對西方的知識階層，這既是宗教危機，也是認知危機；思考東方，認識東方竟然逐漸成為他們的功課。

另一方面，穆斯林根據《可蘭經》的訓誨，孜孜追求知識。他們接收了希臘遺產，已經站在巨人的肩上，又開始仔細閱讀「自然」

這部大書。因此他們注疏希臘文本，不只是尋章摘句式的考證。最重要的是，巴格達不只是伊斯蘭世界的統治中心，還是學術中心，吸引了各地的學者。

後來希臘文本經過伊斯蘭世界的轉手，傳入基督教世界，點燃了歐洲的文藝復興與科學革命，是人類文明史的重大關節，論者已多。但是從十六世紀起，東方與西方的消長，使東方不再是西方知識階層的「認知問題」，這才種下了薩伊德 (Edward Said, 1935～2003) 所謂「東方主義」的根源。

現在輪到伊斯蘭世界的知識分子思考「西方科學」的問題了。

巴基斯坦籍的核子物理學家薩蘭姆 (Abdus Salam, 1926～1996) 曾經說過：現代伊斯蘭科學簡直「糟糕透頂」。他是第一位獲得諾貝爾獎的穆斯林 (1979)，這話令許多「東方」學者難以釋懷。根據一位學者的描述，穆斯林都有些懷舊，想當年他們可是科學界的權威。

目前在伊斯蘭世界，科學與宗教的關係已經激發了辯論。有些學者與史家大談「伊斯蘭科學」，認為那是一種承認靈性價值的學問，而「西方科學」就缺乏對靈性的敬意。其他學者卻擔心宗教保守主義已經壓抑了科學的懷疑精神。

這些議論我們並不陌生。李約瑟當年將中國古代技術成就發掘出來、推崇備至，也引起了類似的感觸。目前時移勢轉，發揚傳統已經不再有人感興趣，倒是走出去、向國際標準看齊的說詞甚囂塵上。

其實發展科學即使在西方現代史上都不是理所當然的事。一方面得有菁英階層支持，視為階級使命，另一方面得有具體成就，足以說服掌握資源的人。而且各國的經驗都不同。例如德法以國家力

量支持科學研究，而英國的學術一直是紳士階層的使命。美國在二十世紀吸引了各國大量人才，逐漸成為新的科學霸權，甚至使英文成為科學的世界語。

這麼豐富的歷史經驗，我們別說不清楚，即使分析明白了，也得先訂下國家戰略目標才好利用來籌劃方略。

至於我們的國家戰略目標適不適合拿法德英美的經驗來 「規撫」，就是大哉問了。也許第一個問題可以這麼問：對這塊土地上的居民來說，那「遙遠的東方」在哪裡？

45. 日本科學

自 2000 年起，日本連得了 4 個諾貝爾獎（3 個化學獎，1 個物理獎）， 2000 年的化學獎得主白川英樹 (1936～) 想必可以稍事喘息。

原來白川英樹在 2000 年 3 月自筑波大學退休 ，哪知半年後就得到了諾貝爾獎，成為大眾矚目的風雲人物。政府委託他主持振興日本科學委員會，除了評估研究計畫，還得針對一個問題苦思答案：為什麼日本的諾貝爾獎得主那麼少？1990 年代甚至一個都沒有。

其實美國學者科曼 (Samuel Coleman) 出版過一本書 《日本科學》❶，對日本生物科學的發展提出過嚴肅的針砭。科曼不是學究，只受求知的樂趣驅策。他認為以日本的財富、日本政府對科學研究的投資而論，日本的科學社群若不能拿出傲人的成績，是全人類的損失。科曼最近發表一篇短論，明白指出：

> 涉及全球的科學需要能幹的參與者，多多益善，健康與環境的問題都是很棘手的，此外，世界氣候變遷、瀕臨絕種的生物，到能抵禦抗生素的細菌，都是牽連廣泛的議題，都需要高手提出正確的評估與對策。要是日本無法將她的財富與人才轉化成實質的科學成就，全人類的財富都會因而縮水。

---

❶ *Japanese Science*, London: Routledge, 1999.

一點不錯。日本是在全球化的歷史潮流中成為經濟大國的。現在影響人類生存的各種問題，論規模也是全球性的。雖然日本在全球經濟體中累積了傲世的財富，可是歷史上沒有一個國家只憑做生意的本領贏得國際地位的。

日本朝野並不是沒有這個認知。十多年來，日本經濟衰退，國民痛苦指數上升，可是政府對科研的投資不減反增，現在每年超過兩千億美金，相當於美國的一半。除了增加投資，日本還再造政府相關機構，如國科會與教育部合併成「文部科學省」。據聞未來高等教育機構（大學）也要鬆綁，以提升水準。日本政府甚至將目標瞄準了諾貝爾獎，預計在未來半個世紀內贏得 30 個獎座。化學獎連莊，想必朝野振奮。

不過任何大規模的變革，都受歷史的制約。科學研究的突破，絕不是少數天才午夜夢迴、恍然大悟的結果。科學社群的權力結構與成規等社會、文化因素對「知識生產過程」的影響，早已是學界的熱門題材。金錢不是決定性因素。

2001 年諾貝爾生醫獎由英美兩國科學家分享，就是一個例子。美國方面的得主是華盛頓大學（西雅圖）的哈特維 (L. Hartwell, 1939～)，美國國家衛生院提供過 4,100 萬美金（新臺幣 12 億以上）支持他的研究。可是英國的兩位得主〔諾思 (Sir Paul Nurse, 1949～) 與杭特 (T. Hunt, 1943～)〕都在私人設立的非營利研究機構工作。他們在記者招待會中大力抨擊英國政府的科學研究政策。他們認為英國科學界因為得不到足夠的資助，流失了許多人才。諾思與杭特甚至點名批判鐵娘子柴契爾夫人領導的保守黨政府 (1979～1990)。因為英國自 1988 年起就沒得過諾貝爾生醫獎了。

可是值得我們特別注意的，不是諾思與杭特「大罵政府」，而是他們仍然做出了第一流的成績。他們的怨言反而證明金錢並非萬能。

幾年前，日本政府投資 5 億美金在橫濱設立「全球變遷先驅研究所」，從美國請回氣候物理學家真鍋淑郎 (1931～　) 主持「地球暖化與預測」。真鍋淑郎在美國工作了四十多年，不能適應日本國內的「氣候」，2001 年年初辭職返美，引起爭議。令真鍋淑郎喪氣的，就是日本無法設立美國式的學術審查機制，而由學術界「大老」把持一切。（按，真鍋淑郎獲得 2021 年諾貝爾物理獎。）

白川英樹接受美國《紐約時報》記者的訪問，把這一切都歸咎到所謂的「東方稻米文化」，失之過簡。以這些年大出風頭的「人類基因組計畫」來說，其實在 1980 年代初，日本物理化學家和田昭允就已經提出類似的計畫。他說服了許多日本企業合作，還到美國遊說，想組織國際合作計畫。哪知和田昭允最大的成就卻是「驚醒」了美國，促成了美國的人類基因組計畫。

1994 年出版的《基因戰爭》以專章討論這個故事，作者庫克狄根得到的教訓是：日本與美國制定、執行科技政策的模式不同，美國雖然是民主先進國家，可是像「人類基因組計畫」這種規模的科學，非「集權」不為功，日本講究人和的「分散式」管理模式就不適合了。

2001 年國內一些學者大力鼓吹「日本模式」，還到日本取經，也許是因為圖書館沒買到《日本科學》、《基因戰爭》的緣故。

其實上網訂購很方便的。

46. 滾石不生苔

國內一直有大師飢渴症，三不五時就邀請大師訪問，或者動議聘請大師講學。但是大師在國內究竟留下過什麼樣的雪泥鴻爪，似乎就無人聞問了。

這個現象在書市中也看得出來。我們每年出版的書，論數量、論種類，儼然出版大國。每年的翻譯書中，不乏在國外叫好又叫座的當代經典，但是長江後浪推前浪，那些書不但在書市中容易沒頂，學界都沒引起漣漪。可是新書繼續出版。滾石不生苔。

據說成熟的民族對過去的領袖都很無情。或者說不對過去的領袖無情的話，不足以表現出民族的成熟。不過說這話的人並不是在做歷史研究，而是對特定人物在特定時空條件下的遭遇，表達安慰之意罷了（例如二次世界大戰後邱吉爾在大選中失敗）。在一連串以知識經濟為名的高教改革中，只見大師飢渴症的騷動，沒有源自學術史的反省與睿見，難免教人擔心連臺好戲最多只是蜻蜓點水，坐吃山空罷了。

缺乏學術史的反省與睿見甚至會造成反智的後果。

「男性女性大腦設定不同」的說法就是一個例子。2000 年 8 月底開始在國內兜售的這套「科學理論」，其實是缺乏學術史判斷的不學無術。❶

我們可以從郭任遠 (1898～1970) 談起。

---

❶ *Brain Sex*, by Anne Moir & David Jessel，英國版 1989 年，美國版 1991 年。按，這書是外行人寫的，一出版就過時了。

　　郭任遠是少數幾位在西方現代學術史上留名的中國人。他在美國加州大學（柏克萊校區）念書的時候 (1918～1922)，就已發表經典論文〈心理學應放棄「本能」概念〉(1921)。郭任遠就憑這篇學生時代的論文，美國的心理學教科書與心理學史，都非提他的名字不可，何況他日後還以創新的實驗具體說明了他的想法。

　　郭任遠批評「本能」概念，目的是為行為研究建立更堅實的基礎。他批評道：「本能」概念使研究停頓在開啟行為發展機制的門前。他讓貓鼠自出生起就同籠生活，證明「貓捉老鼠」不是本能，而是後天學習的技能 (1930)。

　　郭任遠再以更為精緻的實驗，證明許多所謂的本能行為都是在特定環境中發展的。因此本能概念不能幫助我們了解行為的發生學根源與功能。

　　心理學家以比較方法揭露的一些動物「本能」，「本能」概念依然無法幫助我們了解那些行為。例如人與黑猩猩一出生就在同一個人類家庭裡生活，受同樣的照顧與待遇，可是兩年後人類嬰兒可以學會說話，黑猩猩就不成。我們或許可以說人類有學習語言的本能，但是這個結論無法解釋人類學習語言的幾個重要面向，例如嬰兒學會的是特定語言，所以語言本能不可能太過具體。再例如兒童學習語言有關鍵期，意思是：要是人在青春期之前沒有機會生活在有人說話的環境中，就永遠學不會說話。更嚴重的是，要是學不會說話，連做個正常人都有問題❷。海倫・凱勒的一生，轉捩點正是學會以

---

❷ 有興趣的讀者請看法國名家楚浮 (Francois Truffaut, 1932–1984) 導演的電影 *The Wild Child*，1970 年出品；以及 1993 年出版的 *Genie* 一書。

觸覺表現「語言本能」。

人類學習語言的過程，最能凸顯人類行為的「發展」面向。而凡事只要有發展歷程，就難逃環境的塑模。事實上發育／發展是生物的本性（定義），難怪郭任遠要將「本能」概念從心理學驅趕出去，而他最重要的學術成就就是他觀察雞胚發育得到的睿見——即使是動物一出生就會的行為，也不能說是本能，因為那個行為可能在胚胎期就開始發展了。

因此將男女的「性差」（例如以心理測驗揭露的差異），歸結於「大腦設定」的差異，未免太健忘了。何況人類出生時，腦量只有成年人的四分之一？

郭任遠在 1967 年以英文出版的《行為發展之動力論》（中文版由林悅恆譯），在以「基因組」為顯學的今日讀來，仍然清新得很。最近老人失智症 (Alzheimer's disease; AD) 疫苗人體實驗宣告失敗，其實就是昧於基因決定論的結果。要是老人失智症果真是一個基因導致的，郭氏的第一個問題大概會是：那為什麼這個基因要四、五十年才「發展」出老人失智症的症狀？這個問題也適用於已確立的遺傳疾病杭丁頓氏症 (HD)。

最近大腦的研究已經確立：遺忘是學習的機制之一。但是那並不是指隨機的遺忘。對眼前每一刻都過於認真的人，只是此時此刻的俘虜，反而無法通觀大局。沒有過去，就沒有未來。

在學術上，遺忘其實是表現學問的藝術。對過去的大師沒有敬意，就不可能欣賞眼前大師的境界。

47. 百年榮耀

諾貝爾獎已是科學時代的傳奇。

每年為表彰科學家的科學成就，頒發的獎項不知有多少，可是只有諾貝爾獎受到世人矚目，輕易就能上頭版頭條。

有人說，因為諾貝爾獎是國際性的獎，讓世人都有參與感。

不過國際性的科學大獎至少在十九世紀就出現了。1850 年，法國科學院公開徵求論文，討論地層中化石相演替的現象。結果在 1857 年揭曉，法國科學界大老選出海德堡大學自然史教授布隆 (Bronn, 1800～1862) 的作品，頒給自然科學大獎，獎品是價值 3,000 法郎的金質獎章，相當於大學教授半年的薪水。

還有人說，那是因為諾貝爾獎的歷史最悠久，現在有幾個獎能辦「百年特展」的？它的聲勢歷久不衰，理由也許真的簡單到基爾比 (Jack S. Kilby, 1923～2005) 所說的：「他們已經頒發過 99 次了。」

基爾比是德州儀器公司的工程師，沉默寡言，因為發明積體電路 (1959) 的成就，成為 2000 年諾貝爾物理獎三位得獎人之一。

其實諾貝爾是個徹頭徹尾的十九世紀人，他甚至沒有受過正式的學校教育。他 9 歲就離開故鄉，到俄羅斯聖彼得堡與在那裡開軍火工廠的父親團聚。有意思的是，聖彼得堡象徵俄羅斯與瑞典兩國現代史的起點——彼得大帝 (1672～1725) 在 1703 年開始建設，1712 年遷都，最後擊敗瑞典 (1721)，使俄羅斯成為北歐強權。

諾貝爾可說是在彼得大帝的遺澤中養成他的國際觀的。聖彼得堡從建都之時就是個國際都會，上流社會流行的是法語，他還從家

教那兒學會了俄、德、英語。後來他還到巴黎、美國遊學。諾貝爾
創業致富，全憑他對硝化甘油炸藥以及雷管的研究成果，那些成就
要是追根究柢，家業、家教、巴黎遊學建立的關係全是關鍵。

但是有人繪聲繪影，說諾貝爾因為炸藥的殺傷力太強，受到良
心的譴責，臨終才會捐出財產，設立諾貝爾獎。殊不知炸藥不只是
殺人工具，也是建設利器，開路、採礦等造福世人的工作都少不了。
不然，他也許就不會對專利權那麼計較了——他直到過世前還為了
無煙火藥的專利權與英國政府大打官司。（結果輸了。）

諾貝爾獎自二十世紀第一年起開始頒發。但是一開始這個獎就
很有反傳統的味道。例如第三屆物理獎受獎人中就有居禮夫婦。（有
趣的是，他們沒有親自去領獎。）

歷史上許多科學家的夫人參與過先生的研究工作。十八世紀末
的拉瓦錫，以及十九世紀發明消毒手術的李斯特，都有夫人協助研
究，而且傳為佳話。可是她們的姓名卻沒有流傳後世，也沒有人仔
細記錄過她們的具體貢獻。而居禮夫人不但與先生一同獲獎，更在
先生過世後再度單獨獲得諾貝爾化學獎 (1911)，是科學史上第一人。
當時女人進入高等學府與參政的權利，都不是理所當然的。（事實
上，那一年 1 月底，居禮夫人競選法國科學院院士敗北。）

諾貝爾獎有廣泛的影響力，尤其在科學的領域裡，一直維持無
與倫比的地位，主要是因為各委員會選出了一長串成就非凡的科學
家，毋庸置疑。但是我們不可輕忽文化的力量。瑞典人口現在不過
九百萬，可是如他們的教育部長所說的，諾貝爾獎與瑞典人的「自
我形象緊密地聯繫在一起；它是瑞典的商標」。難怪諾貝爾基金會非
常在意歷史，對少數幾個「錯誤決定」非要提出「說法」不可了。

　　其中之一就是 1949 年生醫獎得主葡萄牙醫師莫尼茲 (Antonio Egas Moniz, 1874～1955)。他受表揚的貢獻是「發明以大腦前額葉神經截斷術治療精神病患」。他得獎前就已有醫界人士指出這種手術是「靈魂殺手」，因為大腦前額葉是人的社會與人格中樞，這種手術的後果絕不能以「療效」來描述。但是精神病患的治療與長期照護問題，一直令精神病院管理階層與家屬十分棘手。莫尼茲的手術至少可以使病人「安靜下來」。（電影《飛越杜鵑窩》(1975) 就是指控這種手術的小說改編的。）❶

　　好在這種「治療」精神病患的手術在 1950 年代就不流行了，不然 1958 年精神崩潰的數學家納許（John Nash, 1928～2015，電影《美麗境界》的主角），搞不好就不能得到 1994 年的諾貝爾獎了。

　　科學本來就是源自偏見的事業。達爾文說得好，要沒有臆想，就不會產生重大而有原創力的觀察。科學這一行，最大的特色不是客觀中正，而是糾正前人臆想的意願與實踐。這是科學唯一的動力。

　　諾貝爾基金會不必對「歷史錯誤」耿耿於懷的。

---

❶ 請參閱《科學發展月刊》〈科學史上的這個月〉專欄，2003 年 9 月。

48. 「人性」是複數的！

「人性是先天還是後天因子決定的？」

討論這個問題，是美國學術界的長年病。

例如 2000 年出版的 *Human Natures*，中文裡就找不到對應的現成概念 （中譯本是 《人類的演化》），因為作者使用了複數形的 nature（本性）。他想強調的是：所謂「人性」，絕不可一概而論，無論在時間上還是空間上，人性都是多彩多姿的。

這樣說來，東方讀者一定不得要領。聖人不是說過嗎？食色性也！哪個族群在什麼時候逃脫過食與色的枷鎖？

這樣說固然不錯，但每個人的食色衝動，都是在社會制度、文化習俗中表現的。論個人的偏好、社群的特色，人性當然是複數形的。

但是，我們還是得弄清楚作者心目中的論敵是什麼，才能理解作者的用心。這書是針對「極端基因決定論」而作的，作者特別強調：我們的「生物本性」只有在文化脈絡中才說得通，而人類的文化是在歷史過程中發展的。因此，研究人類生物特性的演化史，就成了研究人類的文化史。根據這種觀點，人性的內涵是開放的。

這個講法乍聽之下頗為新奇。

由於本書是在 2000 年出版的，我們不妨從那一年最轟動的科學新聞談起——人類基因組計畫。

打從 2000 年 6 月起，與基因有關的話題，就在媒體上不斷出現。要是把桃莉羊、克隆動物、克隆人、幹細胞等消息也算上的話，大眾對於人類基因組計畫的新聞，聽得實在是太多了。難怪 2003 年

4 月 14 日，美國國家衛生院正式宣告人類基因組計畫已經完成，《紐約時報》的新聞標題是：

科學家「再度」說人類基因組已經定序完畢

作者所謂的「極端決定論」，就是在這種「基因熱」裡出現的種種「天性論」，例如所謂「致癌基因」就是個誤導人心的概念。癌症是個複雜過程的結果，絕不可能是某個或幾個基因造成的。即使有些疾病科學家已找到「致病基因」，我們還是得小心使用「致病基因」這個詞。例如杭丁頓氏症有個「致病基因」，位於第四號染色體上。可是病人通常在三、四十歲之後才發病，發病之前，他們都完全正常。那麼，病人三十歲以前，那個基因在幹什麼？

只要對生物學有起碼的知識，就知道生物都要發育、成熟，才能生殖。任何發育過程都是所謂先天與後天因素交互作用的結果，而且先天／後天因素難以拆解。動物的壽命越長，發育過程就越長，也就是常識中所謂後天因素的角色越重。

說到人性的發展，更重要的事實是，人類嬰兒出生 6 個月後，腦容量只有成年的一半；兩歲，成年的四分之三；四歲，出生時的四倍大。換言之，人類大腦本來就是在人文環境中發育的，作者強調文化歷史構成塑造人類生物本性的脈絡，就是這個道理。

但是，除了這個睿見（常識？）之外，本書的內容似乎就沒有特殊之處了。本書的確是一本人類自然史導論，從靈長類的祖先，談到人類的演化，包括直立體態、語言、大腦等特徵的出現，以及文化行為的發展，最後再展望人性的未來。這類書裡，大屠殺、兩性關係、環保都是不可或缺的題材。

　　這類書通常有兩個賣點，一是獨到的觀點，二是流利的文筆。

　　無奈作者艾利希 (Paul R. Ehrlich) 是昆蟲學出身，不是職業人類學家，少有融貫的說法。例如人類始祖在八百萬到六百萬年前才與黑猩猩的始祖分家。人類始祖跨出的演化第一步，就是以兩腿直立的體態行走。那一步，有分教：人類的兩性關係與認知演化全是那一步的後果。

　　一方面，直立體態使身體的重心位於骨盆中央，骨盆的形狀與構造因而改變，使女人生產困難，男人只得守在一旁照顧，無法像其他哺乳類的雄性一般，不負擔家小生計。

　　另一方面，人類嬰兒受到產道的限制，只得提前出生，大腦因而有機會在母親身體之外繼續演化。不然，作者哪有機會大談文化的重要性呢？別忘了黑猩猩出生時，腦量已是成體的 90%。

　　作者在討論直立體態、兩性關係、認知演化的各章裡，雖然旁徵博引，方便讀者當做文獻指南，卻無獨到的融貫見解。

　　更有趣的是，作者沒有看出他關心的問題——人性是先天的還是後天的？——只是特定時空的產物。從另一個文化的觀點看來，只有有錢有閒的學者與有錢有閒的閱讀大眾，才會生產與消費這種題材的。

49. 困而知之

美國麻省理工學院語言學與認知科學教授平克 (Steve Pinker) 又出書了，*The Blank Slate: The Modern Denial of Human Nature* (2002)。這本書談「人類的天性」，從書名就可以看出這是一份「戰帖」。

在美國，「天性」問題非常敏感，很容易引起上綱上線的爭論，尤其在學術界。對許多人來說，主張人類有與生俱來的天性，就等於否定了「人文化成」的希望。不要說宗教家或文人感到爽然若失，社會學者與政客更為憤怒，因為他們相信，一旦證實人類有天性，以政治、社會手段改造社會的門路就不通了。

「以科學論證人類天性」也在現代史上留下了深刻的烙印，許多人以史為鑒，無時或忘。例如十九世紀興起的科學種族主義，以意識形態操縱科學研究，製造奴役非我族類的藉口。納粹以亞利安人神話屠殺猶太人的故事，更是血淋淋的記錄。難怪許多人只要稍有風吹草動，哪怕捕風捉影，都要鳴鼓而攻。

1975 年，哈佛大學教授威爾森出版《社會生物學》，主張以生物學作為社會學的基礎，學界譁然，就是這個緣故。威爾森甚至在學術大會上，遭到基進分子潑水的人身攻擊。

不過社會生物學究竟不是過去那種「偽科學」。它是演化生物學的正規分支，要是動物的解剖、生理特徵都是演化出來的，行為怎會例外？動物行為學是早就成立的研究領域，1973 年還得到諾貝爾生醫獎的褒揚。威爾森引人側目，只因為他宣布人類行為也受天擇邏輯的支配，並以明白的文字將研究目標昭告天下：以生物學消融

社會學。對許多人來說，這無異想以科學取消人文。

　　可是美國的媒體與閱聽大眾，又似乎對「天性論」異常著迷。《時代雜誌》等主流媒體，就常以社會生物學的各種「說法」製造聳動的新聞標題，像是男人天性花心啦，人類有雜交天性啦，單偶制是神話等等。這些說法不是空穴來風，只不過學者的研究成果，往往行外的人難以消化，只好以製造新聞的眼光摘要了。

　　雖然一般說來，「後天論」是學術界的政治正確路線，生物學者依舊獨持偏見，繼續循本門學理研究行為的生物基礎。只不過大部分學者自重身分，保持低調，只有少數人三不五時甘冒禁忌，大談人類天性，不乏挾群眾自重的意圖。

　　平克的成名作，是 1994 年出版的 《語言本能》 (*The Language Instinct*)。他強調人類會說話，就像蜘蛛結網一樣，是天生的本能，而不是人類的後天創制。平克很清楚人間的語言不止千萬種，但是他認為語言分化的過程，可以類比成物種分化。今天世上的芸芸眾生，不都源自同一個祖先？而且，不管父母說什麼語言，嬰兒在任何地方長大，都學得會當地的語言，可見人類大腦有專門負責實現語言本能的神經迴路。

　　不過，人類的語言行為與常識的 「本能」 定義到底不同。例如法布爾在《昆蟲記》中反覆強調，昆蟲在正常環境中表現的本能，論精確、論效能，往往令人讚嘆，但是把牠們放到不同的情境中，同樣的本能卻可能將牠們引入絕境，至死不悟。昆蟲的本能是固定、僵化的行為程式，不會因地制宜、隨機應變，而平克描述的語言本能完全不是那麼回事。

　　其實，「先天／後天」的二分法，從生物學的基本原理來看甚為

無謂，並不是分析生物特徵的有效工具。所有生物都是所謂先天／後天因素的綜合結果。生物出生後，要是發育快，成熟快，生殖快，死亡也快，所謂先天因素的控制力量就強一些。但是發育慢又長壽的物種，就不可能輕易拆解哪些形質是先天影響的結果，哪些是後天因素造成的。

更重要的是，每一類生物的生物稟賦，可能本質上就不同。我們評判昆蟲的本能行為，認為簡直是膠柱鼓瑟，那是因為昆蟲的神經系統與哺乳類的本來就不同。哺乳類的大腦太複雜了，根本不可能有類似昆蟲的本能迴路。何況人類的大腦，無論結構還是功能，主要是在出生後才發育成熟的。因此，像本能這類名詞，既然用來描述昆蟲的行為了，就不再適合用來描述人類的生物稟賦了。

無論「本能」還是「先天／後天」這對名詞，目前製造的混淆已超過了它們的分析功能，學界最好放棄。以大眾搞不清楚的概念大談天性，無異揚湯止沸。

2001 年 3 月 18 日

50. 百體皆血肉之軀

The Expressiveness of the Body and the Divergence of Greek and Chinese Medicine, by Shigehisa Kuriyama（栗山茂久），New York: Zone Books, 1999.

《身體的語言》　陳信宏　譯

臺北市：究竟出版社，2001 年

歐洲醫學自明朝末年傳入中國，中西醫論戰就開始了。當時西方傳教士醫師對中華醫學一般都頗為鄙夷，他們最擅長嘲笑的，就是中國人對於人體的知識。

中國自古講五臟六腑，卻從來不知「胰臟」。中國人一直認為人體骨架由 365 塊骨頭構成，「上應天象」，不過這是男性；至於女性，只有 360 塊。

且不說西方人體解剖學到了蓋倫（Galen, 129～199；與華佗、張仲景大約同時）已經粲然大備，西方現代人體解剖學圖譜的鼻祖，1543 年（明嘉靖 22 年）就出版了。此外，達文西留下的大量人體解剖學研究作品，儘管因為從未出版而對解剖學史沒有任何影響，卻是西方人對人體解剖的興趣、技術、與成績的見證。為什麼？

國人歷來對這個問題的探討，多少受了現代西方「科學醫學」的影響，對於人體解剖學的必要與必然似乎很少質疑。本地的醫學院是舶來品，人體解剖學給當作基礎醫學，而與臨床醫學相對，久而久之「基礎／臨床」的分野就誤認為歷史發展的模式，而不是單純的組織知識的原則。

　　殊不知中華醫學傳統不乏解剖人體的實例，目的在尋繹「治病」線索。正史所載最早、最具體的例子，發生在西元 16 年（新莽天鳳三年）。北宋時更有大規模的人體解剖，並請醫生、畫工到場，繪圖存真，在人類歷史上是空前之舉。那麼為什麼到了十九世紀，中國人的人體知識仍然貧乏到「可笑復可悲」的地步呢？

　　栗山茂久這本《身體的語言》就是為了回答這類問題而寫的。可是栗山回答的方式是獨到的，他先拷問「問題」本身。一開始他就引用芥川龍之介的著名故事（電影《羅生門》的原著），指出我們的確有理由懷疑所謂「真相」也許只是幻象。不過，栗山並沒有耽溺於「真相＝幻象」的等式中，他明白地論證：希臘醫學與中國醫學對於人體的認識、看法大異其趣，以今天的後見之明去評斷兩者的得失，反而會錯過從中西對比中得到重大啟示的機會。

　　《身體的語言》不只是栗山伸出的「指月」之指，他還以華麗、敏感的文字，為我們展示了中西兩大學術傳統認識人體的不同「風格」(style)。我們追求關於身體的知識，可是身體同時是認知／知覺的主體與客體，不了解報導人關於身體的認知架構、感受設定的話，如何理解報導內容呢？

　　以把脈為例。中國醫家相信人體生機藏在血、氣中，一直沒有分別過動脈與靜脈，可是經脈與血、氣的關係也混沌不明。把脈衍生出複雜的「脈學」，涉及一套對人體的知識，要是著意從「動脈─心臟─脈搏」出發，當然莫名其妙。

　　不過栗山論證的精彩之處，沒有在這兒打住，反而是從這兒開始。他開始分析中西對「身體的語言」的不同觀點。古人云：言，心聲也。真正的意思是：意在言外。「脈」是身體說話的管道，醫師

切脈是為了聽取身體的心聲。意在言外的觀念不僅影響了我們報導身體心聲的方式，還有我們聽取身體心聲的方式。中國醫家為了捕捉言外之意，大量使用西方人難以理解的「模糊比喻」，其實與中國文學批評傳統的神韻說有一貫之理：

夫惟曲盡法度，而妙在法度之外。

語言只是表象，語言是指月之指。追求科學語言反而是著相了。

我們現在可以回答前面關於中國人體解剖學的問題了。其實西洋人體解剖學傳統一直與醫療沒有什麼因果關係。即使最能利用人體解剖知識與經驗的醫學——外科——也要到十九世紀才能因而開花結果。成功的手術，麻醉術、消毒、抗生素缺一不可。華佗傳說的意義，其實在病從口入的中國傳統病理學。人吃五穀雜糧，哪有不生病的？因此需要煎洗腸胃。而栗山從「肌肉」下手，將西方人體解剖學的發展放在一種特殊的「人觀」的脈絡中討論，完全超越了一般醫學史家的格局。

談身體，不能不談我們與身體的關係，我們是身體的主人，也是身體的囚徒。可是比較中西的身體觀，以及對於身體的知識，我們反而覺得解放了。中西發展、累積的身體知識迥異，至今無法相互化約，可是都有效——看來羅生門的意義不一定是「真相＝幻象」。

《身體的語言》出書以來在西方學界受到廣泛的矚目與讚譽，這種殊榮東方學者享有過的並不多。栗山茂久是哈佛大學科學史博士，可是從此以後他不需要名片了。這本書就夠了。

不過中譯本譯文並不可靠，讀者務必留意。舉一例如下：

中譯本，頁 292（結論），行 8：

醫學知識發展上的差異不但影響人們的思想，並且也影響人們的感受與認知（一方面將身體認知為客體，另一方面則感受其為存在的體現）。

Differences in the history of medical knowledge turn as much around what and how people perceive and feel (at once apprehending the body as an object, and experiencing it as embodied beings) as around what they think.

原文大意是：

醫學史的差異，不只隨人群（族群）的思考模式而定，還隨人群的知覺內容與主觀感受而定（身體是認識的對象，也是感受的主體）。

參考資料：

王道還，〈論《醫林改錯》的解剖學──兼論解剖學在中西醫學傳統中的地位〉，《新史學》第 6 卷第 1 期 (1995)。

李建民，〈王莽與王孫慶──記公元一世紀的人體刳剝實驗〉，《新史學》第 10 卷第 4 期 (1999)。

51. 明於庶務　察於人倫

1978 年 11 月 14 日（星期二），美國《紐約時報》的科學專刊 (Science Times) 創刊，每週二出刊，到 2003 年剛好滿二十五週年。

2003 年 11 月 11 日的科學專刊，除了介紹當年創刊的故事，還特別針對 25 個大家感興趣的科學問題做了報導，是頗為別緻的慶生方式。

那 25 個問題中，以第 12 個讀來最為突兀，但是在現代生物技術的「威脅」之下，似乎並非無的放矢。那個問題是：

我們還需要男人（或女人）嗎？

正巧第二天（12 日）日本松山地方法院法官上原裕之做出了一個裁決，似乎是對這個問題的嚴正聲明，值得我們注意。那個案子是這樣的：

有位年過 40 的婦女，在 2001 年生下一個男嬰。由於孩子出生時，她的丈夫已經死亡，而且超過三百日以上，根據日本法律，這個孩子不能登記為她與先生的 「婚生子女」。 於是這位婦女就在 2002 年 6 月以訴訟代理人的身分，向地方法院為兒子提出「死後認知」父子關係之請求。

原來，這是一樁現代生物技術創造的官司。這個孩子是以冷凍精子受孕懷胎的。

話說 1998 年，他父親因為得了血癌，在治療之前先冷凍儲存了一些精子。第二年，他就過世了。他的妻子在 2000 年提取先生的精

子，到一家不知情的醫院做體外受精，再將胚胎植入子宮，這才生下男嬰。

上原法官拒絕了這個請求，他的理由是：

純粹以遺傳學證據作為推定「父子」關係的主張，太過狹隘，人倫還有社會面向。父子關係還包括養育，父親必須對孩子的福祉有所貢獻。何況，丈夫是否同意過使用他生前儲存的精子製造胎兒，難以確定。

此外，上原法官提出呼籲，指出：

生殖技術的進展日新月異，專家與社會大眾應正視生殖技術所帶來的問題，及早形成共識。

旨哉斯言。上原法官言下之意，似乎是「庶幾法院不必獨任規範人倫的責任」。

其實，在生殖這碼事上，雄性的確是可有可無的，在自然界，我們只發現「孤雌生殖」，從未聽說過「孤『雄』生殖」。在生物學上，兩性的差異在於生殖細胞的發育潛力，只有雌性的生殖細胞可以發育成胚胎，雄性的就不行。而哺乳類卵子細胞質內，還有母體預先儲存的分子，負責啟動受精卵的發育機制。許多受精卵就是因為無法順利啟動，而無法發育成胚胎。製造桃莉羊的技術，關鍵是卵子，就是這個緣故。

哺乳類從來沒有過孤雌生殖的例子，專家發現那是因為雄性的基因涉及胎盤的發育，要是卵子中沒有雄性基因，就算發育成胚胎，也無法以胎盤攝取母體養分，發育非中止不可。

　　不過，現代生殖技術的確可以奪走男人的這個功能。目前已經冷凍儲存的精子，數量已經夠大了，即使所有男人一夕消失，人類也不至於滅種。雌性哺乳類的身體，本就是一具自給自足的生產機器，缺的只是精子而已。以需求而言，少數幾個雄性，足以供應整個族群的雌性，生生不息。說來哺乳類絕大多數物種的性比例都維持一比一，反倒成了演化生物學的問題，因為在實際的「作業」上，哺乳類雄性的生殖成就並不平均，多由少數雄性壟斷。越是群居的物種，雄性間的不平等越明顯。

　　人類的兩性關係在哺乳類中獨樹一幟，就是創造了婚姻制度。人類以婚姻制度為基礎，形成社會，既保障雄性間的平等，又得群居之利。人類兩性必須長期合作撫養子女，固然有生物學原因，可是婚姻分明不是以生殖為唯一目的的制度。由婚姻衍生的人倫關係，是人文創制，並不以血緣為必要條件。行止是否符合人倫規範，在界定人際關係時，往往比血緣親等還重要。

　　這樣的人文世界是開放的。人倫內涵會與時變化，近百年來我們從傳統父系社會邁向現代兩性平權社會，經歷過必要的調適，許多人記憶猶新。堅持以「基因」詮釋「人倫」，無異違背「人文」始意，放棄大同理想。

　　至於上原法官暗示法律體系不應獨立於社會民情之外而自出機杼，更是尊重人文世界的表現。

2000 年 11 月
2006 年 8 月修訂

52. 人能弘道　非道弘人——科學、女性、政治[1]

Brain Sex: The Real Difference Between Men and Women, by Anne Moir & David Jessel （安妮‧莫伊爾、大衛‧傑塞爾）, London: Michael Joseph Publishers, 1989.《腦內乾坤：男女有別，其來有自》　洪蘭　譯，臺北市：遠流出版公司，2000 年

The First Sex: The Natural Talents of Women and How They Are Changing the World, by Helen Fisher （海倫‧費雪）, New York: Ballantine Books, 1999.《第一性：女人的天賦正在改變世界》　莊安祺　譯，臺北市：先覺出版社，2000 年

Woman: An Intimate Geography, by Natalie Angier （娜塔莉‧安吉爾）, New York: Houghton Mifflin Harcourt, 1999.《絕妙好女子：私密的身體地理學》　劉建台、湯麗明、張抒、何亞威　譯，臺北市：雙月書屋，2000 年

　　這幾本翻譯書都以「女性特質」為主題，書市裡這樣的書並不稀奇，它們的賣點是科學，這就稀奇了。

---

[1] 參考本書第 3 篇，頁 7。

　　不過，面對這幾本書，我腦子裡冒出的第一個念頭是：不知道法露迪 (Susan Faludi) 會怎麼想？

　　法露迪是記者，她 1991 年發表《反挫》(*Backlash*)，指控保守勢力在 1980 年代全面反撲，1960、70 年代婦運的努力，並沒有化為甜美的果實。書中有一節特別討論關於「性別差異」的學術研究。法露迪指出：女性主義前輩學者研究性別差異的始意，是追溯既有性別刻板印象的起源，而不是歌頌「女性特質」。她們即使描繪女性的長處，也是為了點明那些「女性特質」在現實世界中不得施展的緣故；整個討論的目的，在建構一個新的論述，增進兩性間的了解。然而，令法露迪悲憤的是：1980 年代流行的性別差異論述，卻強化了傳統的女性刻板印象，阻滯了女性解放大業。要是女性天生溫婉，是老天賜給世人的禮物，她們就該待在家裡，照顧家人，著毋庸議。

　　換言之，討論性別差異，無論初衷如何，都是政治行動。至於正確不正確，要看對女性解放大業的貢獻而定。

　　那麼，這幾本書是正確呢還是不正確？雖然國內並沒有法露迪的歷史包袱，可是《腦內乾坤》原著 1989 年在英國出版（美國版，1991 年），《第一性》、《絕妙好女子》1999 年在美國出版，相距十年的書，中譯本卻同時（2000 年）在此地上市，讀者不明就裡，難免摸不清狀況。有興趣通讀三本書的讀者，法露迪是最好的起點，理由是：《腦內乾坤》正是法露迪批判的類型，而《第一性》、《絕妙好女子》顯然已汲取了法露迪的教訓，作者都借力使力，刻意著眼於那些使女性適應未來世界不可或缺的特質，兩本書都能增進女性的自信。有意思的是：《第一性》、《絕妙好女子》兩書援引的科學不同，描繪出的「女性」也不相同。（是科學出了問題？還是政治？）

　　不過，讀者必然要過的一關是科學，畢竟它們的賣點是科學。舉個例子好了，你知道「下視丘」在哪裡嗎？這三本書都花了很多篇幅談下視丘，而且對下視丘的功能有所爭論，卻連一張大腦構造的簡圖都沒有。要是讀者對下視丘沒有起碼的知識，如何開卷有益呢？

　　下視丘（另一譯名「下丘腦」）位於大腦底面中央，與腦下腺（「腦下垂體」）在結構、功能上相連。下視丘的神經內分泌細胞釋出荷爾蒙，進入營養腦下腺的微血管網絡中，控制腦下腺的內分泌功能。下視丘既受血液中荷爾蒙濃度的影響，也接收大腦其他部位神經元的訊息。最重要的是：下視丘→腦下腺→性腺（卵巢與睪丸）這一控制軸，是表現人類性象（sexuality，與生殖有關的解剖、生理、行為特徵）的關鍵機制。

　　《腦內乾坤》的主要科學內容，就是「性荷爾蒙塑模胎兒大腦」假說。可是作者安妮‧莫伊爾卻是遺傳學博士。她主張男女有別，是因為大腦的結構與功能組織有別。具體地說，人類胚胎的性腺在第五個星期開始發育，那時從胚胎外觀還無法分辨性別，到了第六、七個星期，如果是男孩，性腺就會分泌睪固酮（雄性荷爾蒙），不僅促成男性內外生殖器的發育，也使胎兒的大腦「男性化」。至於女性胎兒呢？也許人類胚胎內建的設定就是「女性」。任何一個胚胎，發育到了第六、七個星期，只要血液中沒有睪固酮，內外生殖器官就會發育成「女的」；大腦也是。

　　男女兩性在大腦的功能組織上有差異，早就是流行的看法。例如大多數男人的語言中樞，位於大腦左半球皮質上，而許多女人的語言中樞，分散左、右兩半球的皮質上。此外，腦中風病人表現的

症狀、一些心理測驗的結果，以及常識，都讓人對性別差異有深刻的印象。因此，性荷爾蒙設定大腦性別的假說，似乎是「證實」了。

不然。荷爾蒙設定大腦性別的機制，從來沒有人搞清楚過。而且這個假說並不周延。例如以老鼠做實驗，雌性胎兒無論在出生前還是出生後，要是體內的雌性素遭到干擾，無法發生作用，牠們日後的行為，整體而言「雌性氣質」會提升，而不是降低。只有零星的行為面向顯得少了些「女兒氣」。要是給予雌性素，反而會使雌性胎兒的神經與行為朝向雄性分化。

在過去，歐美的醫師常以人工合成的雌性素二乙基己烯雌酚 (DES) 預防孕婦流產，但是在 1970 年代初，科學家發現 DES 會影響雌性胎兒泌尿生殖系統的發育，提高罹患陰道癌與子宮頸癌的風險，而且這種風險似乎會遺傳給她們的女兒。這時，在雌性素高的環境中發育的孩子，已有幾百萬人。於是科學家得到了一個難得的機會，觀察荷爾蒙的作用。但是研究結論顯然不支持簡單的荷爾蒙假說。例如雌性胎兒成年後，雙性、同性性向的人比對照組多，不過，大部分仍然與一般女人無異，是異性戀。至於雄性胎兒受到的影響，有些研究發現他們的生殖系統發生微小異常的機率的確比一般人高，但是性功能並不因而受到影響，他們的生殖能力性趣與一般人無異。本書第二章（頁 27–28）與美國版後記（頁 207）的相關報導，並不能充分反映作者寫作時（1980 年代末）的科學知識。

然而，莫伊爾可是信心十足，「女性的大腦組織方式使她可以接受較廣範圍的感覺訊息，把相關的資訊組合在一起，把重點放在人際關係上，強化溝通。」（頁 10）真的是這樣嗎？那麼社會對女性的回報是什麼呢？較低的薪水！她的解釋是：「我們現在對競爭與支

配的生物機制、物慾的生物根源，以及兩性腦子的先天設定，已有相當多知識，因此發現女人不重視事業、不以金錢作為成功象徵，一點都不覺得驚訝。」（原書美國版頁162，請參考《腦內乾坤》頁168-169的譯文：「若從我們現在所知有關男女性大腦對攻擊性、統治性、物質慾方面的天生設定來說，就一點也不奇怪了，這些都是有生物上的原因。」）

莫伊爾當然不反對在政治、法律上男女應平等，可是如何彌補她認定的天生性別差異呢？她採守勢──先教育大眾認識本性，「更真誠面對自己的感覺，更快樂的做自己」（頁200），例如女人再怎麼努力下棋也下不過男人的。其他還有鼓勵女性自行創業、改變教育方式等等；她沒有什麼具體的社會工程藍圖。

《第一性》的作者費雪就樂觀、積極多了。她也相信「男女組織思惟的方式有所不同，這主要是源於兩性腦部構造的差異。」（頁8）但是她強調，女性特有的「網路式思考」是女性在網路世界大顯身手的利器。費雪是生物人類學博士，生物人類學是研究人類自然史的學問，由她來宣布未來世界的面貌，似乎再適當不過了：

> 女性在各種非營利組織中都獲得更多的力量，她們運用人際技巧、將心比心的觀點，以及全盤考量的整體作法，有助於解決我們最感困擾的社會和環境問題。（頁152）
> 非營利組織除了募款之外，更重要的目標是改進社會或環境的問題，例如治療、照顧，這些都是女性的天賦專長。（頁157）

　　在某個意義上，《第一性》等於是《腦內乾坤》的續集。在這十年內支持男女有別的科學證據多了一些，不在話下。更值得注意的是，費雪似乎比較不在乎為自己的論點辯護；她娓娓道來，煞有介事，一副理所當然的神情。莫伊爾旨在攻擊「男女無別」論，難免流露孤憤之氣，與費雪的氣定神閒，恰成對比。（這是科學造成的？還是政治氣候？）

　　相較之下，《絕妙好女子》的作者安吉爾不僅熱情洋溢，還機智幽默。《絕妙好女子》是對女性身體的禮讚，也是對傳統成見的控訴，是三本書中最可觀的一本。這是個令人困惑的發現，因為安吉爾「只不過」是個記者，沒有博士學位，也不是大學教授；了不起是個女人。

　　夠了。女人的身體，女人的心靈，男人能了解嗎？

　　其實「性」這種生殖模式，必然會驅使兩性發展既聯合又鬥爭的關係；兩性戰爭是個源遠流長的自然史事實，可以上溯至有性生殖 (sex) 的起源，絕非人類發明的。可是人生活在人腦創造的人文世界中，自然史的事實無不經過神話、信仰、規範、制度等人文滲透，性象何能例外？因為，人腦最重要的發育階段，並不是在出生之前；嬰兒出生後，四年之內腦容量會增加三倍。換言之，人腦是在人文環境中發育的。歷來女性主義者批判、反叛的對象，是人文化成的自然，而不是自然而然的自然。即使解剖性象的科學活動，亦是人文活動；還原自然的本來面目，談何容易？何況科學家的腦子同樣是人文浸潤的產物，若不是先入之見與熱情的指引，想發現什麼？能發現什麼？

　　無論女人身體的私密之處、大腦、心靈、心情，安吉爾都是熱情的導遊。她不但告訴我們科學家發現了什麼，還讓我們知道科學是什麼。她是經驗豐富的科學記者，熟悉科學文獻與科學政治，輕易就能拉一派打一派，然後毫不心虛地告訴我們她相信什麼。閱讀這書的經驗，與其他兩本書不同。我們不禁覺得安吉爾不是在刻畫女性的新形象，而是在表演──她們有感覺、有頭腦、能決斷。生物學不是命運，科學的終點是探索自我的起點。行到水窮處，坐看雲起時。

　　《絕妙好女子》也暴露了《腦內乾坤》與《第一性》裡的科學是多麼脆弱。例如男性荷爾蒙與男性侵略／暴力特質的關係，一向是小報渲染的題材。不錯，男性體內的男性荷爾蒙是女性的七倍，暴力犯中男性比女性多，惡性重大的男性罪犯體內男性荷爾蒙濃度較高。但是科學界沒有發現過男性荷爾蒙是侵略／暴力行為的「原因」。男性荷爾蒙最多只能強化已有的暴力傾向，不能無中生有。（見本書第十四章）

　　最後，筆者不得不談談國內翻譯書的品質，其實四個字也就夠了：痛心疾首。閱讀時，讀者務必不疑處有疑。

　　　　　　　　　（2000 年 11 月號《好讀》書評，2006 年 8 月修訂）

53. 陰陽之變　萬物之統[1]

As Nature Made Him: The Boy Who Was Raised as a Girl, by
John Colapinto（約翰・科拉品托），
New York: Harper Collins Publishers, 2000.

《性別天生》　戴蘊如　譯
臺北市：經典傳訊，2002 年

　　《性別天生》說的是一個令人震驚的故事。故事的主角布魯斯，
1965 年出生於加拿大。他只比同卵雙生弟弟早到人間 12 分鐘。
1966 年，八個月大的布魯斯與弟弟進了醫院，為的是切除包皮。哪
裡知道，布魯斯的陰莖卻不幸因為電燒灼器故障而燒掉大部分。

　　布魯斯的父母不知如何是好，加拿大、美國的醫師都告訴他們
陰莖無法再生，人工陰莖不但安裝手續複雜，功能又很可疑。他們
的生活立即陷入陰影，直到 1967 年 2 月，他們在電視上看見一位宣
傳變性手術的美國學者曼尼。

　　曼尼是心理學博士，當時是美國約翰霍普金斯大學心理荷爾蒙
研究中心主任，已是世界知名的性學權威。他認為「人在出生時並
無性別，而是因為成長過程中不同的經驗，才逐漸分化成男性或女
性」。他相信外科手術與養育方式可以創造與遺傳性別相反的心理性
別，尤其是對生來就性別不明或性器官異常的新生兒。在他的鼓吹
之下，約翰霍普金斯大學開設了「性別認同診所」，並在 1965 年完

---

[1] 參考本書第 4 篇，頁 10。

成第一個變性手術。

在曼尼的建議下，1967 年 7 月布魯斯在約翰霍普金斯大學醫院變成了布蘭達。醫師將他的睪丸切除，建造了基本的人工陰道。布蘭達出院回家後就過兩歲生日了，可是根據她母親的回憶，布蘭達第一次換上女裝就表現出「不要當女生」的意向。

根據作者的描述，布蘭達的家人一開始就認為她不像女生。布蘭達上學後，立刻變成班上的怪胎。1972 年秋天，她甚至必須留級重讀小學一年級，可是就在這一年，曼尼把布蘭達的案例當作「意外產生的自然實驗」向學術界公布了。（當然，他沒有透露布蘭達的真實身分。）

「布蘭達案例」的確是個完美的自然實驗。她出生時是正常的男性，還有一個同卵雙胞胎可以做對照組。根據曼尼的描述，手術非常成功，布蘭達已是個女孩。從此這個案例不只成為教科書的教材，主張兩性平權的女性主義者更是熱烈擁抱這個案例，大聲疾呼女性受到的不平等待遇不是生物因素造成的，而是社會文化環境的偏見。

在布蘭達的家鄉，所有接觸過她的心理醫師都不認為她已變性成功，可是沒有人採取行動。直到 1979 年英國廣播公司 (BBC) 想拍攝一部紀錄片，報導曼尼的成就，才發現真相不是那麼回事。這部紀錄片在 1980 年 3 月播出，社會與學術界都沒有任何迴響。

但是布蘭達的父親接受了心理醫師的建議，在紀錄片播出前幾天把真相告訴了布蘭達。她「恍然大悟」，立即決定恢復男兒身。改名大衛是第一步，切除因注射女性荷爾蒙而隆起的乳房是第二步，然後裝人工陰莖，並在 1990 年與一位女子結婚。

　　1990 年代中期，大衛的故事逐漸引起媒體注意，學術界批評曼尼的人開始贏得正當的發聲權力，更多意外喪失陰莖的案例發表了，於是這本書在 2000 年出版了，以「性別天生」為整個故事做了結論。教人扼腕的是，大衛始終沒有找到人生的出路，在 2004 年 5 月 4 日自殺了。

　　作者科拉品托是位記者，全書剪裁適當，讀來引人入勝。可是本書引起的問題比作者的結論更重要，因為曼尼的理論與女性主義者的熱烈反應並不只是出自學術研究的好奇。重要的問題不在性別是不是天生的，而是兩性究竟有沒有差異？這個問題之所以重要，是因為答案直接涉及建設理想社會的政治工程。

　　性別是生殖分工的結果，兩性當然有差異，所以性別天生的說法「沒什麼意思」。兩性之間會不會因為生殖分工而在其他生物面向上有差異？那些差異又有什麼社會後果？這類問題才是關心性別議題的人士關切的。

　　因此《男生女生大腦不同？》❷ 是讀過《性別天生》的人絕對不可錯過的書。作者羅潔絲是神經科學與動物行為學教授，也是個女性主義者，因此她對研究文獻非常熟悉，對相關議題既敏銳又敏感。本書對有關性別差異的理論做了周延的批判，同時展示了科學方法。

　　例如時下流行的荷爾蒙理論，大多以動物實驗的結果立論。但是什麼樣的動物可以當作人類的模型就是個大問題了。像睪固酮對

---

❷ *Sexing the Brain*, by Rogers, L., 2002《男生女生大腦不同？》，王紹婷譯，臺北：新新聞。

大鼠性行為的影響，比對靈長類直接；成年雄鼠割去睪丸後，性活動就會隨之減少，但是靈長類就不會；有過性經驗的成年恆河猴，去勢後血液中睪固酮的濃度雖然降低了，性活動並不會減少。人類似乎也一樣，男人的性慾與血液中睪固酮的濃度比較無關（因此歷史上的太監不是沒有性慾的男人）。

　　將動物實驗結果推廣到人類身上，最大的問題其實是：人類的腦容量在出生時只有成年人的四分之一。換言之，人類的大腦是在人文環境中發育的。難怪作者要提醒我們：

> 社會現況以及社會中的觀點，塑造了科學家對差異起源的
> 猜測，我們不能只因為這些猜測是出自科學家之口，就認
> 為這都是客觀的事實。（中譯本頁 163）

　　性別當然是天生的，怎樣解讀「性別」就是另一回事了。
　　　　　　　（2002 年 7 月《科學人》書評，2006 年 8 月修訂）

54. 無情荒地有情天

人是目的王國的一員。──康德

Never Let Me Go, Kazuo Ishiguro（石黑一雄），
London: Faber and Faber, 2005.
《別讓我走》張淑貞譯
臺北市：商周出版，2006 年
改編電影：2010 年上映

　　1997 年，克隆羊桃莉誕生的消息經媒體披露，轟動一時。閱聽大眾感興趣的不是「克隆羊」，而是以同一技術製造「克隆人」的可能。《別讓我走》是一本以克隆人為主角的小說，作者石黑一雄是英語文學界知名的日裔作家，過去從未發表過科幻作品，國人最熟悉的作品，是拍成電影的《長日將盡》。《別讓我走》顯示，「克隆人」議題已滲入大眾文化，不再局限於科幻圈子。（按，石黑一雄獲得 2017 年諾貝爾文學獎。）❶

　　《別讓我走》的故事，發生在 1990 年代晚期的英國，正是桃莉誕生的年代。不過製造桃莉的技術在現實世界中引起的人文爭議，小說裡一塵不染，全都解決了似的。小說的敘事者凱西是海爾森的畢業生。海爾森是一所專門為克隆人辦的學校。學校裡的教育，除了與克隆人的存在目的直接相關的題材，與英國一般的私立寄宿學校沒什麼不同。凱西透露的一些細節，甚至能讓對教育有理想的人

---

❶ 關於「克隆」一詞，請參閱本書第 12 篇，頁 39。

非常嚮往。例如學生到了十三歲左右,「對性可說既是焦慮又興奮」,就會上性教育的課,老師

> 從生物教室拿來一副人體大小的骨架,向我們示範性行為的過程。她把骨架扭曲成各種姿勢,而且不自覺地拿著教鞭這兒戳那兒刺的,我們全都看得目瞪口呆。接著……向我們解釋性行為的具體細節,什麼東西該插入哪裡、不同變化的姿勢等等,好像上地理課一樣。

老師不只教人體解剖學,還會教導學生,和適合的人發生性關係,感覺非常美好(頁 226)。此外,老師還說了些教人似懂非懂的話:「性行為對於一個人情感層面產生的影響是你們無法預料的。」(頁 108)

不過,這麼開明的教育,可能是為了讓克隆人更能發揮存在目的而設計的。原來,在《別讓我走》的世界裡,克隆人是為了捐贈器官而生。他們可以享受性,但是不能生育。他們在享受之餘,必須預做防護,不僅不能感染疾病,還要避免與「外人」發生情感糾纏。他們在身體老化之前,身上的器官才有價值。一具身體究竟可以犧牲幾個器官呢?答案是四,真巧。(死?)克隆人捐贈過四次之後,人生便進入尾聲。有些人撐不過,兩次就完了。

可是,在這麼冷酷的世界裡,克隆人還是有一絲希望。海爾森有個傳說,真心相愛的情侶可以「延後捐贈」,多享受幾年彼此相擁的時光。《別讓我走》最令人心碎的情節,便環繞著這個傳說展開。

原來海爾森只是一個實驗,實驗者想回答的問題是:克隆人究竟是不是人?要是他們也是人,社會就不能當他們只是「器官捐贈

者」了。只不過，讀者跟著凱西與她已捐贈過三次的情人湯米逐步發現了真相後，心情卻難以像他們一樣平靜。因為這個實驗違反了最根本的人文價值：人性的神聖與尊嚴是人文世界的絕對預設，不假科學實驗而成立。

從這個角度觀察，《別讓我走》是一本批判現代科學的書。在英語世界，批判科學的傳統可以上溯1818年問世的《科學怪人》。此外，在西方，過去兩個世紀科學激發的希望與失望，已促成了極有活力的人文思潮。其實，科學只是追求客觀知識的方法，而無論中西，古人對於知識是否可以當做安身立命的基礎，早就懷疑了。莊子說：吾生也有涯，而知也無涯。以有涯隨無涯，殆已！已而為知者，殆而已矣！大家熟悉的浮士德的故事，最晚十六世紀已在西歐流傳。

十九世紀初，科學還沒成為正式的行業，雪萊夫人已經將科學家刻畫成現代浮士德，因為她已意識到科學的威力。在她筆下，佛蘭根斯坦利用科學的力量，僭越了人的地位。雪萊夫人對於佛蘭根斯坦創造的「怪物」，充滿了同情。她安排「怪物」感受親情的溫暖、接受人文教育（閱讀普魯塔克、哥德等人的作品）。因此佛蘭根斯坦創造的是一個人，而不是「怪物」。他最後變成「怪物」，只因為他的創造者不肯承認他是一個人。在石黑一雄筆下，凱西與湯米得知了真相之後，並沒有像「怪物」一樣呼天搶地、指控實驗者。這是石黑一雄的風格，還是有其他的原因呢？（記得《長日將盡》裡那位深自壓抑的男主角嗎？即使到了人生的重大關口，他仍然以「不作為」因應。）這個問題，或許赫胥黎的《美麗新世界》（1932年）可以給我們一些線索。

　　《美麗新世界》在《科學怪人》之後一百多年出版。在這期間，國家的統治機器已經完全現代化，以科學建構理想國不再是夢想。赫胥黎讓生物學與心理學扮演了關鍵角色。

　　在赫胥黎的美麗新世界裡，生物技術控制人的數量、發育、與品質。人至少分為五等，低等的人負責手工勞役，他們在胚胎階段就要接受生物制約，例如調整供氧量，抑制腦子發育。但是，社會能夠井然有序地運轉，卻是心理制約的功勞。即使是最高等級的人，在睡夢中也必須反覆灌輸：每個人都屬於每一個人。換言之，每個人都可以與任何其他人發生性關係。沒有人談戀愛。也不應該。激情會破壞穩定。新世界之所以美麗，全因為穩定。

　　可是赫胥黎對人性太了解了。即使他想像的是 600 年以後的世界，人都是先進的生物與心理操控技術的產物，仍然有七情六慾。政府穩定社會的絕招，是供應索麻——一種威力強大的神經心理麻醉劑。

　　而《別讓我走》裡的克隆人接受自己的命運，卻不像是先進制約與麻醉技術的結果。根據凱西的回憶，他們在海爾森長大，老師的確從小就教導他們長大後的任務——當捐贈者。教育的內容也配合這項任務。不過一切都進行得頗為隱諱。凱西與同學對「捐贈」似懂非懂，卻知道那是碰不得的話題，因為學校的師長也覺得這個話題令人尷尬。

　　凱西透露的一些關於克隆人心理的事實，讓我們隱隱不安。凱西是一位看護，做這份工作 11 年了。她照料的捐贈者都能保持鎮定，可能是讓她保住工作的理由。凱西告訴我們，有些人在捐贈之前「情緒激動」，特別是在第四次捐贈之前。至於凱西自己的命運，

她說她還能再做八個月，到時她就 32 歲了。然後呢？

　　凱西沒有明說。凱西失去湯米後，有一次回到舊遊之地，想起湯米，「淚水從臉頰滾了下來，但我沒有啜泣或是情緒失控……」（頁 350）。小說結束時，她只是「開車前往該去的地方。」但是她去的時候，

> 海爾森將永遠留在我心中，牢牢地鎖在我的腦海裡，任何
> 人都不能帶走這段回憶。（頁 349）

　　讀到這裡，我們又想起了《長日將盡》。任何人想像科學對人文世界的衝擊，都無法超越自己，石黑一雄也不例外。這是非戰之罪。人文理想早已圓滿自足，想像力無從增益、超越，只能破壞。

2007 年 4 月《科學人》書評

55. 瞻前顧後的智慧——
1976 年豬流感疫苗事件

事過境遷，人人都是諸葛亮。不過，事在人為，事後諸葛亮還是有機會表演教人驚艷的本事，甚至垂範後世。1976 年豬流感疫苗事件就是個例子。它不但是美國公衛學的重要教材，還是對決策過程有興趣的人都必須研究的案例。

1976 年 1 月 6 日星期二 ，18 歲的大衛‧路易士進入美國紐澤西州迪克斯堡 (Fort Dix) 報到，接受陸軍新兵訓練。

2 月 4 日星期三，大衛出現明顯的流感症狀——發燒、流鼻水、全身酸痛——而臥床休息。傍晚，他強迫自己起床，參加連行軍訓練。可是他中途倒下，送進基地醫院後，幾個小時就死了。

當時，迪克斯堡負責醫務的上校醫官正在為新兵的流感問題操心，因為已經有三百來個新兵病倒了。他將十九份喉嚨檢體送交紐澤西州衛生部，請求化驗；大部分都是 A 型流感，檢驗不出名堂的 ， 就送交聯邦疾病管制中心 (CDC) 。 後來大衛的檢體也送到了 CDC。

2 月 12 日星期四，CDC 發現四份檢體中出現豬流感病毒抗原，大衛的正在其中。大衛感染的竟是豬流感！防疫官員極為緊張，理由有二：第一、學界相信 1918 年大流感是豬流感，那次大流感與一般流感不同，孩子與青壯年遭劫的比例極高；當年美國至少有五十萬人喪生，以人口比例來說，1976 年要是發生同樣的大流感，死亡

人數將達到 100 萬；第二、同一營區中出現了四個病例，表示那是人對人的傳染。

CDC 的專家立即擔心大衛的命運只是大流感來襲的警告。

正巧第二天——2 月 13 日星期五——紐約時報刊出了一封讀者投書，執筆人是知名的流感病毒專家基爾波恩 (Edwin D. Kilbourne，1920~2011)。他指出自 1940 年代起，每隔 11 年就會發生一場世界性的人流感疫情，最近一次發生在 1968 年，因此下一次就是 1979 年。他呼籲當局預作準備。

2 月 14 日星期六，CDC 主管山瑟 (David Sencer，1924~2011) 召集專家會議，達成的共識是：還需要更多證據，目前不宜下結論。2 月 19 日星期四，山瑟召開記者招待會，公布迪克斯堡裡發生了豬流感疫情。他小心措詞，沒有提 1918 年大流感。但是記者不放過他，直接追問迪克斯堡豬流感與 1918 年大流感的關係。當晚，兩個全國電視網都報導了這個消息，都提到 1918 年大流感。第二天，這則新聞還上了紐約時報第一版。

3 月 10 日，CDC 的疫苗諮詢委員會 (ACIP) 集會，山瑟擔任主席，基爾波恩醫師也參加了。這一年的流感季節即將結束，他們要為下一個流感季節預作準備。若要為豬流感未雨綢繆，時間並不多，新的疫苗還需要通過人體實驗呢。

開會那天，出席 ACIP 的人面臨的情況是這樣的：迪克斯堡內，有一名年輕人死了，喉嚨檢體中有豬流感病毒，有 13 名豬流感病人，還有 500 名體內已有豬流感抗體的新兵。其他地方沒有發現豬流感病毒。

他們該做什麼決定？

　　基爾波恩認為必須立即採取積極行動，就是訂購對抗豬流感病毒的疫苗。即使不同意這樣做的人，也為手上只有少量明確資訊而感到沮喪。CDC 是個預防醫學機構，誰能以科學論證大衛感染的豬流感不會潛伏一時，秋天再爆發？萬一這種豬流感像「1918 年大流感」怎麼辦？只要有這個可能，就得採取行動，不然，CDC 是幹什麼的？

　　CDC 的確陷入了兩難的境地。要是 CDC 發出假警報，耗費大錢虛驚一場，無異砸自己招牌。可是，萬一大流感真的來襲，事前 CDC 毫無警覺，結果就不是 CDC 的招牌扛得下的。

　　山瑟會後呈給上級的政策備忘錄，建議針對「萬一」的情況採取行動，進行全民預防注射。他的理由是，疫苗需要兩個星期才能產生效力，而感染了流感病毒，幾天就會發病。一旦流感爆發，就等不急動員全民注射疫苗了。

　　1976 年 10 月 1 日，美國公衛單位開始為全民注射豬流感疫苗。事實上，直到疫苗開打，CDC 掌握的事實仍然不出 3 月初所知道的範圍。美國國會為這個計畫撥付的金額是 1 億 3 千 500 萬。另外，國會還通過法案，由聯邦政府承擔疫苗風險。

　　全民注射疫苗的方案，的確潛藏了不測的風險。當年美國人口超過兩億，每一分鐘都有人過世，注射了疫苗的人要是在短時間內過世了，如何確定那是不是疫苗的副作用？

　　頭十天，100 萬人接受了注射。10 月 11 日，賓州匹茲堡有三人在同一診所注射，不久就死了。他們都年過 70，有心臟病史。合眾國際社記者在地方報紙上發現了這則消息，向全國發布。12 日，負責驗屍的醫師接受電視訪問，指控疫苗可能有問題。當地衛生單位

立即宣布暫停注射疫苗，九個州跟進。

接著就是媒體鬧傳每日「疫情」（因疫苗致死的人數統計），以及各種關於疫苗安全的質疑，逼得正在競選的福特總統偕同夫人當著電視攝影機注射疫苗。

一直沒有現身的，反而是豬流感。世界各地都沒有。

11 月初，福特總統敗給卡特，月中，新的問題出現了，一位醫師報告疫苗會引起一種叫做 「居楊－巴賀症候群」 (Guillain–Barre syndrome) 的怪病。病人先是四肢抖動、無力，然後控制呼吸與吞嚥的神經也受影響，原因不明，美國每年有四、五千人得這種病。消息傳出後，病例越來越多，直到 CDC 也承認疫苗脫不了干係（雖然致病風險低於 10 萬分之 一，致死風險 200 萬分之一）。

12 月 16 日下午，公衛局 (PHS) 宣布暫停注射疫苗。這時注射過疫苗的人數，已超過 4000 萬。21 日，紐約時報刊出一篇署名評論，以「慘敗」(fiasco) 為整個事件定調。

預定出任卡特政府衛福部長的卡里發諾 (Joseph A. Califano Jr.，1931～) 沒空看電視，紐約時報倒是必讀。因此他上任時，對豬流感疫苗事件心中已有定見。

1977 年 2 月 7 日，卡里發諾在電視上當眾開除了山瑟。他說山瑟已在 CDC 服務了 16 年，主任就做了 10 年；他想找年輕的人接棒，讓 CDC 重新出發。這個舉動為山瑟招來了同情，許多人認為卡里發諾只想證明自己不過是個政客而已。

但是卡里發諾隨後又做了一件事，只有政治家才會做。他邀請兩位哈佛大學教授調查豬流感疫苗計畫始末，寫一份報告，為他「上一課」，好讓他學著點兒。他說，

　　我是律師，也擔任過國防部長麥納馬拉的特別助理，我面
臨的情況，往往涉及我不清楚或根本不懂的事件或題材，
它們都經緯萬端，極為複雜。但是，豬流感疫苗事件教我
驚訝，令我困惑，因為我甚至不知該問什麼問題，才能做
出明智的決定。……要是有人對那一計畫做個詳細研究，
凡是必需針對敏感的健康問題做決策的人，都會受益良多。
無論豬流感疫苗事件能教我們什麼，我們千萬得學會。

　　哈佛大學甘乃迪學院教授紐斯塔特 (Richard E. Neustadt) 與公衛
教授芬柏格 (Harvey Fineberg) 花了一年時間，完成報告。他們認為，
豬流感疫苗決策者的最大失誤，在過於擔心「萬一」的後果，而沒
有確切評估「萬一成真」的可能性。卡里發諾讀過後，公開承認當
年要是他負責決策，也會做成同樣的決定。他還將這份報告以政府
出版品的形式出版。

　　1983 年，這份報告經過增訂，由民間出版，書名是《從未出現
的流行病：豬流感疫苗決策始末》❶。兩位作者為這一版寫的序，
結語是這樣的：

　　我們發現，中央政府的官員與顧問中，沒有人是壞蛋；我
們認為，任何人都可能做出同樣的決定，包括我們在內。
但是，我們希望不貳過。

---

❶ *The Epidemic That Never Was: Policy–making & the Swine Flu Affair*, New
　York: Vintage Books, 1983.

人名索引

主編：
王道還、高涌泉

歪打正著的科學意外

有些重大的科學發現是「歪打正著的意外」？！
然而，獨具慧眼的人才能從「意外」窺見新發現的契機。

科學發展並非都是循規蹈矩的過程，事實上很多突破性的發現，都來自於「歪打正著的意外發現」。關於這些「意外」，當然可以歸因於幸運女神心血來潮的青睞，但也不能忘記一點：這樣的青睞也必須仰賴有緣人事前的充足準備，才能從中發現隱藏的驚喜。

本書收錄臺大科學教育發展中心「探索基礎科學講座」的演講內容，先爬梳「意外發現」在科學中的角色，接著介紹科學史上的「意外」案例。透過介紹這些經典的幸運發現我們可以認知到，科學史上層出不窮的「未知意外」，不僅為科學研究帶來革命與創新，也帶給社會長足進步與變化。

主編：
林守德、高涌泉

智慧新世界 圖靈所沒有預料到的人工智慧

辨識一張圖片居然比訓練出 AlphaGo 還要難？！
AI 不止可以下棋，還能做法律諮詢？！
AI 也能當個稱職的批踢踢鄉民？！

這本書收錄臺大科學教育發展中心「探索基礎科學講座」的演說內容，主題圍繞「人工智慧」，將從機器實習、資料探勘、自然語言處理及電腦視覺重點切入，並重磅推出「AI 嘉年華」，深入淺出人工智慧的基礎理論、方法、技術與應用，且看人工智慧將如何翻轉我們的社會，帶領我們前往智慧新世界。

國家圖書館出版品預行編目資料

天人之際：生物人類學筆記／王道還著. ——三版一
刷. ——臺北市：三民，2023
　　面；　　公分. ——（科學+）

　　ISBN 978-957-14-7563-9（平裝）
　　1. 科學 2. 通俗作品

307　　　　　　　　　　　　　　　111017447

科學+

天人之際──生物人類學筆記

作　　者	王道還
發 行 人	劉振強
出 版 者	三民書局股份有限公司
地　　址	臺北市復興北路 386 號 (復北門市) 臺北市重慶南路一段 61 號 (重南門市)
電　　話	(02)25006600
網　　址	三民網路書店 https://www.sanmin.com.tw
出版日期	初版一刷 2004 年 1 月 增訂二版二刷 2016 年 7 月 三版一刷 2023 年 1 月
書籍編號	S300110
Ｉ Ｓ Ｂ Ｎ	978-957-14-7563-9

三民書局